Lebensbeschreibungen der Sophisten

ISBN 978-1-4716-7416-7

Welcher der beiden Philostrate, von denen sich Schriften bis auf unsre Zeiten erhalten haben, Verfasser dieser Lebensbeschreibungen der Sophisten sei, darüber scheinen schon im Altertum die Meinungen geteilt gewesen zu sein. Während nämlich Suidas sie unter die Werke des Älteren rechnet, erwähnt er bei Aufzählung der Schriften des Jüngeren, dass einige sie diesem zuschreiben. Auf diese Angabe gestützt, haben auch neuere Gelehrte den jüngeren Philostratus als Verfasser der Lebensbeschreibungen der Sophisten angenommen und diese Meinung mit verschiedenen Gründen zu bestätigen versucht, deren Unhaltbarkeit aber von Olearius hinreichend erwiesen, dagegen auf überzeugende Weise dargetan worden ist, dass derselbe Philostratus, welcher das Leben des Apollonius von Tyana schrieb, auch Verfasser der Lebensbeschreibungen der Sophisten ist.

Wenn somit jene erste Angabe des Suidas, welcher er als seine eigene und wie es scheint, als die allgemeiner angenommene Meinung ausspricht, durch Olearius Untersuchung und Beweisführung gerechtfertigt erscheint, so fragt sich noch, ob seine ebendaselbst gegebene Notiz, dass die Lebensbeschreibungen der Sophisten 4 Bücher umfasst haben, auch als wahr zu betrachten sei.

[1146] Da sie mit den eigenen Worten des Verfassers in seinem Zueignungsschreiben an Gordianus im Widerspruche steht, nach welchen sie bloß aus 2 Büchern bestanden, so ist unbedenklich nach dem Vorschlage mehrerer Gelehrten bei Suidas statt des Zahlenzeichens δ' (4) zu setzen β' (2); mag nun der Fehler dem Suidas selbst, oder den Abschreibern zur Last fallen. Selbst wenn die von dem neuesten Herausgeber der Lebensbeschreibungen der Sophisten, Kayser, gegen ihre Vollständigkeit vorgebrachten Zweifel sich als gegründet erweisen sollten, so dürfte doch aus dem größeren Umfange noch nicht zugleich auf eine größere Zahl von Büchern geschlossen werden, da zu einem Verdachte gegen die Richtigkeit der Lesart in dem Zueignungsschreiben des Philostratus weit weniger Veranlassung vorhanden ist, als zu dem gegen die Angabe des Suidas und sich für die Einteilung in 2 Bücher und die Eröffnung des zweiten mit Herodes ein sehr natürlicher Grund denken lässt, nämlich die Verwandtschaft des Gordianus mit Herodes, durch dessen Voranstellung und ausführliche Behandlung Philostratus seinem Gönner, dem er sein Werk zueignete, eine Ehre zu erweisen beabsichtigt haben mag.

Was nun Kaysers Zweifel gegen die Vollständigkeit der Lebensbeschreibungen der Sophisten in ihrer gegenwärtigen Gestalt betrifft, so erlauben wir uns nach möglichst gedrängter Anführung derselben, einige Bedenken dagegen vorzubringen.

Es werden von ihm 2 große Lücken in denselben angenommen, die eine in dem ersten Teil, welcher die unter die Sophisten gerechneten Philosophen behandelt; die andre in dem dritten, welcher die zweite Sophistik darstellt. Die Vermutung, dass im ersten Teil mehreres fehle, stützt sich auf 2 Stellen des Synesius, worin dieser sagt, dass Philostratus außer Dion, Karneades von Athen und Leo von Byzantium viele andre Philosophen unter die Sophisten rechne und dass er nach Dion noch andre aufzähle [1147], während in unseren Lebensbeschreibungen der Sophisten außer den 3 genannten nur 5 weitere Philosophen, nach Dion aber nur noch einer aufgeführt wird. Dazu kommt, dass Thomas Magister zweimal einige Worte aus den Lebensbeschreibungen der Sophisten des Philostratus anführt, die sich jetzt nicht mehr darin finden (vgl. Bruchstücke). Für die Begründung der Annahme der zweiten Lücke fehlen zwar die äußern Zeugnisse, allein der Zwischenraum von 4 Jahrhunderten zwischen Aeschines und Niketes scheint Kaysern zu groß, als dass man glauben könnte, Philostratus habe ihn übersprungen, da er den Aeschines als Stifter der zweiten Sophistik nennt, aber von seinen nächsten Nachfolgern keinen namhaft macht.

Zugeben muss man allerdings, dass auf den ersten Anschein diese Vermutungen einen ziemlichen Grad von Wahrscheinlichkeit besitzen; aber bei weiterer Erwägung boten sich uns manche Zweifel dar. Da gerade in der Stelle, wo die erste Lücke angenommen werden müsste, zwischen Dion und Favorinus keine Lücke in der Zeitfolge stattfindet, so scheint eben damit dieser Annahme eine Hauptstütze zu fehlen. Denn auf die bloße Angabe des Synesius dürfte sich wohl dieselbe nicht allein bauen lassen, da bei andern Schriftstellern, namentlich bei Eunapius, welche des Philostratus Lebensbeschreibungen der Sophisten erwähnen, sich keine Spur findet, welche dazu berechtigte. Verdächtig könnte die Glaubwürdigkeit des Synesius sogar erscheinen, weil er keinen Namen nennt, sondern nur allgemein von anderen spricht, welche auf Dion folgen, zumal wenn er, was eben diese Unbestimmtheit seines Ausdrucks glaublich macht, sich dabei nur durch eine unsichere Erinnerung leiten ließ, wobei die in Vergleichung mit den kurzen Nachrichten von den früheren Philosophen weitläufigeren Abschnitte über Dion und Favorinus ihm leicht Veranlassung zu jenem Irrtum geben konnten. Die zweite Annahme aber, welche [1148] Kayser selbst für unerweisbar hält, glauben wir unbedenklich zurückzuweisen zu dürfen im Hinblick auf die Ungenauigkeit und Nachlässigkeit, welche Kayser dem Philostratus in anderer Beziehung zum Vorwurf macht. Er tadelt an ihm, dass er nicht vorsichtig genug gewesen sei bei der Auswahl der von ihm zu den alten Sophisten gezählten Philosophen und Redner; dass er ihre philosophischen Lehren und Systeme nicht berühre oder Unrichtiges darüber mitteile; dass er nicht zeige, wie dieselben aus Philosophen Sophisten geworden seien; dass er in der Darstellung ihres Lebens ungenau; dass er in der Zeitrechnung nicht pünktlich sei.

Bei allen diesen Mängeln aber, welche die Arbeit des Philostratus in diesem Teile an sich trägt, bleibt sie jedoch ein für die Gelehrtengeschichte und die Kenntnis des Entwicklungsganges und Zustandes der griechischen Bildung unter den römischen Kaisern überaus wichtiges und schätzbares Werk. Gerade in dem ersten u. zweiten Teile lässt sich Philostratus durch die von andern Schriftstellern mitgeteilten Nachrichten vervollständigen und berichtigen, was Kayser mit lobenswerter Sorgfalt und Genauigkeit getan hat, der Übersetzter aber unterlassen musste, um nicht gegen den Plan der Herausgeber, seiner Einleitung und seinen Anmerkungen eine zu große Ausdehnung zu geben. Von ungleich größerem Werte als diese beiden Teile ist aber der dritte, weil hier über das Leben und Wirken mancher Sophisten, von welchen sonst nichts oder nur weniges bekannt ist, zum Teil ausführliche Nachrichten und meistens auch Proben von ihrer Kunst und Manier, welche uns bei dem Verluste ihrer Schriften fast ganz unbekannt wäre, erhalten sind.

Wenn man nun aber nach den oben gemachten Ausstellungen auch in diesem letzten Teile die Glaubwürdigkeit des Philostratus in Zweifel zu ziehen geneigt sein möchte, so ist hier nicht zu übersehen, dass er diesen Sophisten der Zeit nach weit näher stand, also auch [1149] leichter zuverlässige Kunde über sie einziehen konnte, dass er über sie teils aus schriftlichen Quellen (I, 25, 7. 11. II, 1, 7. 8. 12. 13. 27, 5.), teils nach Aussagen glaubwürdiger Zeugen (I, 22, 4. II, 1, 6. 3, 1. 8, 2. 9, 2. 3. 10, 1. 23. 2.), teils als Zeitgenosse, als Schüler und Bekannter (II, 21, 3. 23, 2. 24, 1. 2. 27, 3. 33, 4.) berichtet, und dass er am Schlusse seines Werkes selbst sagt, von einigen andern Sophisten wolle er nicht schreiben, weil man ihm wegen seiner Freundschaft mit ihnen keinen Glauben schenken möchte.

Endlich haben wir noch in Beziehung auf den schon mehrmals erwähnten Gordianus, welchem Philostratus sein Werk zueignet, zu bemerken, dass die von Olearius aufgestellte Vermutung, es sei Gordianus der Vater zu verstehen, von Kayser zur Gewissheit erhoben worden ist, indem er nach 3 Handschriften demselben die Würde eines Prokonsuls vindiziert.

Da es nun Gordianus 229 oder 230 n. Chr. als Prokonsul nach Afrika geschickt wurde und Alexander Severus, welcher nach II, 33, 2. nach als lebend vorausgesetzt werden muss, 235. n. Chr. starb, so folgt daraus mit Sicherheit, dass die Abfassung des Werks in diesen Zeitraum zu setzen ist.

I, 21. Skopelianus von Elazonmenä (siehe Isäus)

I, 22. Dionysius von Milet. (blühte um 120 n. Chr.)

[1151]

I, 23. Lollianus von Ephesus (Zeitgenosse des Vorigen)

I, 24. Markus von Byzantium (siehe Lollianus)

I, 25. Polemo von Laodikea (siehe Lollianus)

I, 26. Sekundus von Athen (blühte am Ende des ersten und Anfang des zweiten Jahrhunderts n. Chr.)

II, 1. Herodes Attikus (geb. im Anfang des 2. Jahrhunderts, gest. um 180)

II, 2. Theodotus (blühte in der 2. Hälfte des 2. Jahrhunderts)

II, 3. Aristokles von Pergamum (Zeitgenosse des Polemo)

II, 4. Antiochus von Aegä[2]

II, 5. Alexander von Seleukia

II, 6. Varus von Perge

II, 7. Hermogenes von Tarsus

II, 8. Philager aus Kilikien

II, 9. Aristides von Hadriani (ca. 117-189 n. Chr.)

II, 10. Hadrianus von Thyrus (gest. um 190 n. Chr.)

II, 11. Chrestus von Byzantium (blühte in der 2. Hälfte des 2. Jahrhunderts)

II, 12. Pollux von Naukratis (blühte gegen Ende des 2. Jahrhunderts)

II, 13. Pausanias von Cäsarca[3]

II, 14. Athenodorus von Aenos

II, 15. Ptolemäus von Naukratis

II, 16. Evodianus von Smyrna

II, 17. Rufus von Perinthus

II, 18. Onomarchus aus Andros

II, 19. Apollonius von Naukratis

II, 20. Apollonius von Athen

II, 21. Proklus von Naukratis

II, 22. Phönix aus Thessalien

[1152] **Dem erlauchtesten Konsul Antonius Gordianus**

Flavius Philostratus.

Die unter dem Namen Philosophen bekannten Sophisten und die eigentlich sogenannten Sophisten habe ich in zwei Büchern für dich verzeichnet, eines Teils weil du, wie mir bekannt, in einer Verwandtschaft mit dieser Kunst stehst, sofern du dein Geschlecht auf den Sophisten Herodes[5] zurückführst; andern Teils weil wir, wie ich mich erinnere, zu Antiochia einmal über die Sophisten in dem Tempel des Apollo Daphnäus[6] uns unterhielten.

Die Väter habe ich freilich nicht bei allen beigesetzt, sondern nur bei denen, welche berühmte Väter hatten; denn ich weiß ja, daß auch der Sophist Kritias nicht alle, sondern nur den Homer mit Angabe des Vaters anführt, weil er etwas Wunderbares sagen wollte [1153], daß nämlich Homer einen Fluß zum Vater habe[7]. Außerdem ist es für den Wissbegierigen kein Gewinn, den Vater von diesem oder jenem zu kennen und seine Mutter, seine Vorzüge aber und Fehler, und was Schicksal oder Berechnung ihm glücken oder misslingen ließen, nicht zu erfahren.

Diese Schrift wird dir, Edelster der Prokonsuln, auch den auf dem Herzen lastenden Kummer erleichtern, wie der Mischkrug der Helena durch die ägyptischen Heilmittel.

Lebe wohl, Musenfürst!

Erstes Buch.

Die alte Sophistik hat man als philosophierende Redekunst zu betrachten. Sie spricht nämlich über dieselben Gegenstände, wie die Philosophen; wenn aber diese die vorgelegten Fragen versteckt angreifen, langsam zu der gesuchten Antwort führen und sagen, sie wissen es noch nicht, so spricht der alte Sophist, als wisse er es. Daher beginnt er seine Rede mit einem „Ich weiß", oder „Ich habe erkannt", oder „Längst habe ich untersucht", oder „Eine sichere Erkenntnis besitzt der Mensch nicht". Solche Eingänge versprechen etwas Ausgezeichnetes in der Rede, Selbstvertrauen und eine deutliche Erkenntnis der Wahrheit. Jene Philosophie gleicht der menschlichen Wahrsagekunst, welche die Ägypter und Chaldäer und vor diesen die Indier erfanden, indem sie aus Tausenden von Gestirnen die Wahrheit zu erraten suchten, die Sophistik aber der auf göttlicher Eingebung und den Orakel beruhenden; denn auch den pythischen Gott kann man sagen hören:

Wahrlich ich weiß des Sandkorns Zahl und die Maße des Meeres[8]

und

Lässt der Tritogeborenen doch der waltende Gott Zeus

Unzerstöret die hölzerne Burg.[9]

[1155] und

Nero, Orestes, Alkmäon, die Muttermörder[10]

Und vieles dergleichen, wie einen Sophisten.

Die alte Sophistik also nahm auch die von den Philosophen abgehandelten Fragen zum Gegenstande ihrer Untersuchungen und behandelte sie ausführlich und weitläufig; sie sprach nämlich über die Tapferkeit, über die Gerechtigkeit, über die Heroen und Götter und über die Art, wie die Welt ihre Gestalt bekommen habe. Diejenige dagegen, welche nach dieser aufkam, die man aber nicht die neue nennen darf, denn auch sie ist alt, sondern vielmehr die zweite, schilderte die Armen und die Reichen, die Patrioten und die Tyrannen und erörterte spezielle Fragen aus der Geschichte. Der Stifter der älteren Sophistik wurde Gorgias aus Leontini[11] bei den Thessaliern, der der zweiten Aeschines, des Atrometus Sohn[12], als er der Teilnahme an den Staatsgeschäften in Athen sich begeben hatte und in Karien und Rhodus sich aufhielt. Die Schüler des Aeschines behandelten ihre Gegenstände nach den Regeln der Rhetorik, die des Gorgias aber nach ihrem eigenen Gutdünken.

Reden aus dem Stegreife sollen nach einigen zuerst von Pericles Lippen geflossen sein[13], weswegen er auch für einen großen Redner gehalten

11

wurde; nach andern von Pythons aus Byzantium, welchem Demosthenes allein unter allen Athenern, wie er selbst sagt[14], die [1156] Spitze bot, da er mit großem Selbstvertrauen und gewaltigem Redeflusse sprach. Noch andere sagen, das reden aus dem Stegreife sei eine Erfindung des Aeschines; dieser nämlich habe, als er von Rhodos aus zu dem Karier Mausolos gesegelt, durch eine Rede aus dem Stegreife denselben ergötzt. Ich aber bin der Meinung, dass Aeschines zwar am allermeisten aus dem Stegreife gesprochen, wenn er als Gesandter unterhandelte und Bericht über seine Gesandtschaft erstattete, wenn er andere vor Gericht verteidigte und in der Volksversammlung redete, und nur seine vorher niedergeschriebenen Reden hinterlassen hat, um nicht hinter des Demosthenes sorgfältigen Arbeiten so weiter zurückzubleiben; dass aber Gorgias Urheber des Sprechens aus dem Stegreife gewesen ist. Denn dieser trat zu Athen im Schauspielhause auf und hatte die Dreistigkeit zu verlangen, man solle ihm eine Frage vorlegen, und er war der Erste, welcher diesen kühnen Ausspruch tat, wodurch er sich als einen Mann bezeichnete, der alles wisse und unvorbereitet über alles sprechen könne. Darauf scheint er mir aus folgender Veranlassung gekommen zu sein.

Prodikos von Keos[15] hatte eine anmutige Erzählung geschrieben[16], wie die Tugend und das Laster zu Herkules kommen in der Gestalt von Frauen, diese in einem verführerischen und geputzten Anzuge, jene in einem gewöhnlichen, und dem noch jungen Herkules Aussichten die eine auf ein gemächliches und genussreiches Leben, die andre auf ein beschwerliches und mühevolles eröffnen. Nachdem der Schluss der Erzählung weitläufig ausgearbeitet war, ließ sich Prodikos mit dieser Probe seiner Redekunst für Geld hören, zog in den Städten umher [1157] und unterhielt sie damit nach Art des Orpheus und Thampyris[17]. Er stand deswegen in großer Achtung bei den Thebanern, noch mehr aber bei den Lakedämoniern, weil er zum Nutzen der Jugend diese Vorträge hielt. Gorgias also verspottete den Prodikos, weil er nur Aufgewärmtes und schon oft Wiederholtes vortrage, und warf sich auf das Sprechen aus dem Stegreife. Jedoch dem Neide entging er nicht; es war nämlich zu Athen ein gewisser Chärephon, nicht der, welchen das Lustspiel[18] den Burfarbigen nannte, denn er hatte wegen angestrengten Studierens ein krankes Blut, sondern der, welchen ich hier meine, war ein frecher Mensch und unverschämter Spötter. Dieser Chärephon machte sich über das Treiben des Gorgias lustig und sagte: „Warum, Gorgias, blasen die Bohnen den Bauch auf, das Feuer aber nicht?" Dieser ließ sich jedoch durch die Frage nicht in Verlegenheit bringen und antwortete: „Dies überlasse ich dir zu untersuchen; aber das weiß ich längst, dass die Erde für solche Menschen Stöcke wachsen lässt!"[19] Da aber die Athener einen gefährlichen Einfluss der Sophisten wahrnahmen, verboten sie ihnen, vor Gericht zu sprechen, weil sie durch ihre Reden dem Unrechte den Sieg über das Recht verschafften und das Recht zu beugen verständen. Daher warfen Aeschines und Demosthenes dies (nämlich, dass sie Sophisten [1158] seien) einander vor[20], aber nicht als etwas Schimpfliches, sondern weil die Richter eine ungünstige Meinung davon hatten; denn im Stillen wollten sie deswegen bewundert werden, und Demosthenes rühmte sich, wenn man dem Aeschines glauben darf[21], gegen seine Bekannten, dass er das Urteil der Richter nach seinem Gutdünken umgestimmt habe, Aeschines aber würde, dünkt mich, bei den Rhodiern nicht etwas getrieben haben, was er noch nicht verstand, wenn er es nicht auch in Athen gepflegt hätte[22]. Sophisten nannten die Alten nicht bloß ausgezeichnete und glänzende Redner, sondern auch diejenigen Philosophen, welchen in einem fließenden Vortrage ihre Gedanken entwickelten, und von diesen muss notwendig zuerst gesprochen werden, da sie, ohne Sophisten zu sein, dafür gelten und zu dieser Benennung gekommen sind.

[1159] 1. **Eudoxus**[23] **von Enidus** (in Karien) hatte zwar die akademische Philosophie gründlich studiert, wurde aber doch unter die Sophisten gerechnet wegen seines geschmückten Ausdrucks und weil er gut aus dem Stegreife sprach. Der Sophistenname wurde ihm beigelegt in der Gegend des Hellespontus (Meerenge der Dardanellen) und der Propontis (Meer der Marmora), in Memphis (in Ägypten) und dem oberhalb Memphis gelegenen Teile Ägyptens, welcher von Äthiopien begrenzt wird und den dortigen Gymnosophisten[24].

2. **Leo von Byzantium** war in seiner Jugend ein Schüler des Plato, als er aber ins Mannesalter trat, erhielt er den Beinamen Sophist wegen seiner mannigfaltigen Darstellung und seiner treffenden Antworten. Als z. B. Philippus (von Makedonien) gegen Byzantium zog, ging er ihm entgegen und sprach: „Sage mir, Philippus, was hat dich bewogen, Krieg anzufangen?" Dieser antwortete: „Deine Vaterstadt, die schönste unter allen Städten, hat mich durch ihre Reize mit Liebe entzündet, und deswegen komme ich vor die Türe meiner Geliebten!" Darauf erwiderte Leo: „Nicht mit Schwertern kommen die vor die Türe ihrer Geliebten, welche Gegenliebe verdienen, denn nicht kriegerische, sondern musikalische Instrumente brauchen die Liebenden!" So wurde Byzantium gerettet, nicht durch die vielen Worte, welche Demosthenes an die Athener richtete, sondern durch das Wenige, was Leo zu Philippus selbst sagte. Eben dieser Leo kam einmal als Gesandter nach Athen, als die [1160] Stadt schon lange Zeit in Parteien geteilt war und nicht nach dem Herkommen verwaltet wurde. Als er nun in der Volksversammlung auftrat, erregte er ein schallendes Gelächter wegen seiner Gestalt; denn er war fett und hatte einen großen Bauch. Ohne sich durch das Gelächter in Verlegenheit bringen zu lassen, sagte er: „Was lacht ihr, Athener? Vielleicht weil ich so stark und dick bin? Ich habe eine noch weit dickere Frau, und doch, wenn wir einig sind, haben wir Raum in unserem Bette, sind wir aber entzweit, nicht einmal in unserem Hause." So vereinigte sich das athenische Volk, versöhnt durch

den witzigen Einfall des Leo, zu welchem ihm der Augenblick Veranlassung gab.

3. **Dias von Ephesus** hatte den Grund zu seiner Philosophie in der Akademie gelegt, wurde aber als Sophist betrachtet aus folgendem Grunde. Da er sah, dass Philippus (von Makedonien) den Griechen gefährlich werde, veranlasste er ihn zu einem Zuge nach Asien und führte vor den Griechen in einer Rede aus, dass sie ihm (dem Philippus) auf diesem Zuge folgen müssen; denn löblich sei es auch, auswärts zu dienen, um daheim frei zu werden.

4. Auch **Karneades**[25] **der Athener** wurde zu den Sophisten gezählt; denn er hatte zwar seinen Geist durch Philosophie gebildet, in der Beredsamkeit aber gelangte er zu einer außerordentlichen Stärke.

5. Auch weiß ich von **Philokrates aus Ägypten**, welcher gemeinschaftlich mit der Königin Kleopatra Philosophie trieb und Sophist genannt wurde, weil er einen feierlichen und geschmückten Stil annahm durch seinen Umgang mit jenem Weibe, das auch die [1161] gelehrten Studien als einen Luxus behandelte. Daher hat man auf ihn folgendes Distichon parodiert[26]:

Suche zu gleichen dem weisen Philostratus, welcher durch Umgang

Mit Kleopatra nun als ihr vergleichbar erscheint.

6. Auch **Theomnestus aus Naukratis** (in Ägypten), der offenbar Philosoph war, wurde wegen des Schmucks seiner Reden unter die Sophisten gerechnet.

7. (1.) Wie ich den **Dion aus Prusa** (in Bithynien, jetzt Bursa) nennen soll, weiß ich selbst nicht wegen seiner Trefflichkeit in jeder Hinsicht; denn er war ein Horn der Amalthea, wie man zu sagen pflegt, erfüllt von dem Vorzüglichsten, was je Vorzügliches gesprochen wurde, und den Wohllaut des Demosthenes und Plato zum Muster nehmend, neben welchem Dion, wie die Stege bei den musikalischen Instrumenten, seine Eigentümlichkeit mit kraftvoller Einfachheit mitvernehmen lässt. Vortrefflich ist in Dions Reden auch das Maßhalten des Pathos; denn obgleich er sehr oft Staaten wegen ihres Übermuts Vorwürfe macht, so galt er doch nicht für schmähsüchtig und widerwärtig, sondern strafte, wie bei den Unarten der Pferde, mehr mit dem Zaume, als mit der Peitsche, und wenn er auf das Lob wohleingerichteter Staaten zu sprechen kam, so schien er sie nicht zum Stolze zu ermuntern, sondern vielmehr aufmerksam zu machen, dass sie zu Grunde gehen werden, wenn sie eine Änderung vornehmen. [1162] Auch im Übrigen war der Charakter seiner Philosophie nicht gemein, noch ironisch[27], sondern zwar mächtig eindringend, aber wie mit einem Gewürze durch Milde versüßt. Dass er auch zum Geschichtsschreiber tüchtig war, beweisen seine getischen Geschichten; denn auch zu den Geten kam er, als er unstet umherzog. Seinen Euböer[28]

und sein Lob des Papageis und was er sonst über unbedeutende Gegenstände geschrieben hat, dürfen wir nicht als geringe, sondern nur als sophistische Arbeiten betrachten; denn eines Sophisten ist es würdig, auch solche Gegenstände zu behandeln.[29]

(2.) Er lebte zu der Zeit, als Apollonius von Tyana und Euphrates von Tyrus[30] als Philosophen blühten, und stand mit beiden in freundschaftlichen Verhältnissen, obgleich sie auf eine dem Charakter der Philosophie ganz fremde Weise sich anfeindeten[31]. Seine Wanderung zu den getischen Völkerschaften (in Thrakien) möchte ich nicht eine Verbannung nennen, weil ihm nicht befohlen wurde, sein Vaterland zu verlassen, aber auch keine Reise, weil er heimlich entwich, sich den [1163] Augen und Ohren der Menschen entzog und in dem einen Lande dieses, in dem anderen jenes trieb, aus Furcht vor der Römischen Tyrannei, von welcher alle Philosophie geächtet wurde. Während er nun Feldarbeiten verrichtete, für Bäder und Gärten Wasser schöpfte und andre dergleichen Geschäfte besorgte, um seinen Unterhalt zu verdienen, vergaß er doch das Studieren nicht, sondern unterhielt sich mit 2 Schriften. Dies waren der Phaidon des Plato und des Demosthenes Rede gegen die Gesandtschaft (des Aeschines). Da er oft in das Lager kam, wo er zu arbeiten pflegte, und sah, dass die Soldaten wegen der Ermordung des Domitianus zu einer Staatsumwälzung geneigt seien, so hielt er sich nicht mehr zurück, als er bemerkte, dass der Aufruhr schon ausgebrochen sei, sondern sprang im bloßen Unterkleide auf einen hohen Altar und fing also zu sprechen an:

Jetzt von den Lumpen entblößte sich rasch der verschlagne Odysseus[32]

Nachdem er hierauf ihnen entdeckt hatte, dass er kein Bettler sei, noch der, wofür sie ihn hielten, sondern der weise Dion, ergoss er sich in eine heftige Anklage des Tyrannen und stellte den Soldaten vor, dass sie klüger handeln, wenn sie tun, was die Römer (der römische Senat) für gut finden. Seine Beredsamkeit vermochte auch die zu bezaubern, welche das Griechische nicht gut verstanden. So sagte der Kaiser Trajan, welcher ihn zu Rom zu sich auf den goldenen Wagen steigen ließ, auf welchem die Kaiser nach beendigtem Kriege im Triumphe einziehen, indem er sich zu Dion umwandte: „Was du sagst, weiß ich nicht, aber ich liebe dich, wie mich selbst."

[1164] Am meisten sophistisch an Dion sind die Bilder in seinen Reden, welche, wenn auch zahlreich, doch deutlich und dem Gegenstande angemessen sind.

8. Ebenso machte auch den Philosophen **Favorinus** seine Beredsamkeit unter den Sophisten berühmt. Er war aus dem westlichen Gallien[33], aus der Stadt Arelatum (jetzt Arles), welche am Flusse Rhodanus (jetzt Rhone) liegt; er war als Zwitter geboren und dies verriet schon sein Aussehen, denn er war unbärtig, sogar in seinem hohen Alter; aber auch

seine Stimme verriet es, denn sie hatte einen hellen, zarten und hohen Ton, wie ihn die Natur den Verschnittenen verleiht; er war aber doch so hitzig in der Liebe, dass er von einem Konsul sogar des Ehebruchs beschuldigt wurde; mit dem Kaiser Adrianus hatte er einen Zwist, jedoch ohne es entgelten zu müssen. Daher erklärte er folgende 3 Dinge für besonders auffallend in seinem Leben, dass er als Gallier Griechisch spreche, als Zwitter des Ehebruchs angeklagt werde und ungeachtet eines Zwistes mit einem Kaiser noch lebe. Doch dürfte es eher dem Adrianus zum Lobe gereichen, dass er als Kaiser einen Zwist mit gleichen Waffen führte gegen Einen, den er töten konnte. Ein König ist desto vorzüglicher,

trifft sein Zorn den Geringern[34],

wenn er seinen Groll bemeistert, und

Hoch fürwahr ist das Herz der Zeusumschirmeten Kön'ge[35],

wenn es sich von der Vernunft leiten lässt. Und lobenswerter ist es, [1165] wenn die, welche die Handlungsweise der Könige regeln, solche Zusätze zu den Aussprüchen der Dichter machen. Als er zum Oberpriester für den in seiner Heimat herkömmlichen Gottesdienst ernannt wurde, berief er sich dagegen auf den Kaiser nach den darüber bestehenden Gesetzen, weil er als Philosoph von allen öffentlichen Diensten befreit sei. Da er aber bemerkte, dass der Kaiser eine für ihn ungünstige Entscheidung zu geben im Sinne habe, als wäre er kein Philosoph, so kam er ihm auf folgende Weise zuvor. „Ich hatte", sprach er, „mein Kaiser, einen Traum, den ich auch dir erzählen muss. es erschien mir nämlich mein Lehrer Dion und gab mir in Beziehung auf meinen Rechtsstreit zu bedenken, dass wir nicht bloß für uns, sondern auch für das Vaterland geboren sind. Ich übernehme also, mein Kaiser, den öffentlichen Dienst und folge meinem Lehrer." Der Kaiser hatte sich daraus eine Unterhaltung gemacht: Er vertrieb sich nämlich die Regierungssorgen dadurch, dass er sich zu den Sophisten und Philosophen herabließ; den Athenern aber schien dies tadelnswert und deswegen liefen besonders die, welche in Ämtern standen, zusammen und stürzten ein ehernes Standbild von ihm um, als wäre er der erbittertste Feind des Kaisers. Als er es hörte, beklagte und ärgerte er sich nicht über den Schimpf, den sie ihm angetan und sagte: „Es wäre für Sokrates besser gewesen, wenn auch ihm die Athener ein ehernes Standbild zerstört hätten, als dass er den Schierling trinken musste!"

[1166] In sehr genauer Freundschaft lebte er mit dem Sophisten Herodes, der ihn als Lehrer und (geistigen) Vater betrachtete und an ihn schrieb: „Wann werde ich dich sehen und wann deinen Mund küssen?" Daher setzte er auch bei seinem Tode den Herodes zum Erben aller seiner Bücher, die er besaß, seines Hauses in Rom und (seines Sklaven) Autolekythus ein. Dieser war aus Indien und ziemlich schwarz, und machte dem Herodes und Favorinus viel Kurzweil; denn wenn sie miteinander tranken, unterhielt er sie, indem er Indisches und Attisches vermischte und mit seiner unsichern Aussprache barbarisches Zeug schwatzte.

Die Feindschaft zwischen Polemo und Favorinus fing in Ionien an, da die Epheser ihm Beifall schenkten, während man in Smyrna den Polemo bewunderte, und wuchs in Rom, wo Konsuln und Söhne von Konsuln teils diesen, teils jenen lobten und Eifersucht bei ihnen erregten, welche auch bei weisen Männern heftigen Neid entzündet. Nachsicht also verdienen sie zwar wegen ihrer Eifersucht, denn nach menschlichem Urteile altert die Ehrliebe nie[36]; Tadel aber wegen ihrer Reden, die sie gegen einander schrieben; denn bei ausgelassenen Schmähungen, auch wenn sie wahr sind, bleibt selbst der nicht von Schande frei, welcher sie ausstößt. Denen, welche den Favorinus einen Sophisten nennen, war eben das Beweis genug, dass er mit einem Sophisten in Feindschaft lebte; denn die Eifersucht, deren ich erwähnte, tritt gewöhnlich zwischen Kunstgenossen ein.

In seinem Ausdrucke ist er zwar nachlässig, aber gewandt und angenehm; auch soll er fließend aus dem Stegreife gesprochen haben. Von den Reden gegen Proxenus wollen wir annehmen, dass sie Favorinus weder erfunden, noch verfasst haben würde, sondern dass sie die [1167] Arbeit eines betrunkenen, oder vielmehr toll und voll gesoffenen Burschen seien; hingegen die auf den Tand und die über die Gladiatoren und die über die Bäder erkläre ich für echt und gut abgefasst, und noch viel mehr seine philosophischen Abhandlungen, unter welchen die pyrrhonischen[37] die besten sind. Den Pyrrhonianern nämlich, obgleich sie Skeptiker sind, spricht er die Fähigkeit zum Richteramte nicht ab.

Als er in Rom Vorträge hielt, war alles voll Begeisterung für ihn; denn auch für diejenigen, welche der griechischen Sprache nicht mächtig waren, war das Zuhören nicht ohne Genuss, sondern auch sie bezauberte er durch den Wohlklang seiner Stimme, durch den Ausdruck seiner Augen und durch das melodische seiner Sprache, ebenso auch durch den Schluss seiner Rede, den jene Gesang nannten, ich aber eine gesuchte Künstlichkeit, da bei den Schlussstellen eine Modulation der Stimme angewendet wird. Den Dion soll er zwar gehört haben, steht ihm aber so ferne, wie diejenigen, welche ihn nicht gehört hatten.

So viel über die unter dem Namen Sophisten bekannten Philosophen; die eigentlich sogenannten Sophisten aber waren Folgende.

9. Leontini in Sizilien (jetzt Lentini) war der Geburtsort des **Gorgias**, auf welchen, als ihren Vater, die Kunst der Sophisten nach unsrer Ansicht sich zurückführen lässt.[38] Denn wenn wir bedenken, [1168] wie viel Aeschylus (den man den Vater des Trauerspiels nennt) für das Trauerspiel tat, indem er eine (angemessene) Bekleidung einführte und den Kothurn, die Heldenmasken, die Boten und die Erzähler[39] und was auf der Bühne und was hinter ihr geschehen soll, so wird eben dieses Gorgias für seine

Kunstgenossen sein. Denn er war für die Sophisten ein Muster von dem Schwunge der Rede und der Kühnheit des Ausdrucks und der Gedanken, der Begeisterung, der großartigen Darstellung großartiger Gegenstände, der Figuren der Trennung und der Verbindung, wodurch die Rede an Anmut und Erhabenheit gewinnt; auch schmückt er sie mit dichterischen Ausdrücken, um ihr Schönheit und Würde zu verleihen. Wie er auch mit großer Leichtigkeit aus dem Stegreife sprach, habe ich im Anfange dieser Schrift gesagt[40]. Wenn er nun bei seinen Vorträgen zu Athen, als er schon alt war, von der Menge bewundert wurde, so ist dies kein Wunder, hat er ja doch sogar die berühmtesten Redner, einen Kritias und Alkibiades, als sie noch Jünglinge, einen Thukydides und Perikles, als sie schon Greise waren, hingerissen; auch der Trauerspieldichter Agathon, welchen das Lustspiel[41] als einen kunstreichen und schönredenden kennt, ahmt oft in seinen Jamben den Gorgias nach.

Auch bei den Festversammlungen der Griechen glänzte er: Seine pythische Rede hielt er auf dem Altare, auf welchen ihm auch ein goldenes Standbild in dem Tempel des Apollo Pythius (in Del-[1169]phi) errichtet wurde; seine olympische Rede aber betraf die wichtigste Staatsangelegenheit. Da er nämlich Griechenland in Parteien geteilt sah, riet er ihnen zur Eintracht, forderte sie zu einem Zuge gegen die Perser auf und ermahnte sie, nicht ihre eigenen Städte, sondern das Reich der Perser als den Lohn ihrer Waffenkämpfe zu betrachten. Die Leichenrede, welche er zu Athen hielt, wurde zu Ehren der im Kriege Gefallenen gesprochen, welche von den Athenern auf öffentliche Kosten begraben und dabei in einer Lobrede gepriesen wurden[42], und sie ist mit außerordentlicher Kunst verfasst. Er forderte nämlich die Athener auf, gegen die Meder und Perser zu ziehen, und sprach mit derselben Absicht, wie in seiner Olympischen Rede, sagte aber nichts über die Eintracht unter den Griechen, da sie (die Leichenrede) an die Athener gerichtet war, die nach der Herrschaft trachteten, welche sie nicht erringen konnten, wenn sie nicht alles zu wagen entschlossen waren, sondern verweilte bei dem Lobe der persischen Siege und zeigte ihnen, dass die Siege über die Perser Loblieder, die aber über Griechen Klaglieder fordern.

Gorgias soll sein Leben auf 108 Jahre gebracht und nicht an Altersschwäche gelitten haben, sondern bei vollkommener Gesundheit und Kraft der Sinne geblieben sein.

10. **Protagoras**[43] **von Abdera** (in Thrakien) war zwar ein Sophist und Schüler des Demokrit, seines Mitbürgers, kam aber auch in Berührung mit den persischen Magiern bei dem Einfalle des Xerxes in Griechenland. Sein Vater nämlich war Mäandrus, ein Mann, der vor vielen Thrakiern mit Reichtum gesegnet war, und [1170] erhielt dadurch, dass er den Xerxes in seinem Hause aufnahm und beschenkte, von ihm die Erlaubnis für seinen Sohn, den lehrreichen Umgang der Magier genießen zu dürfen; denn die

persischen Magier unterrichteten keine Nichtperser, wenn nicht der König es gestattet. Dass Protagoras sagt, er wisse nicht, ob es Götter gebe oder nicht, scheint mir ein aus dem persischen Unterrichte entsprungener Frevel. Denn die Magier legen zwar ihren geheimen Verrichtungen göttliche Macht bei, den öffentlichen Glauben an die Gottheit aber lassen sie nicht gelten, weil sie nicht dafür angesehen sein wollen, als ob sie von ihr ihre Macht haben. Daher wurde er von den Athenern auf der ganzen Erde verfolgt, nachdem er, wie einige sagen, förmlich gerichtet, oder wie andere behaupten, ohne förmliches Gericht verurteilt war. Indem er nun von einer Insel zur andern, von einem Festlande zum andern floh und sich vor den athenischen Dreirudern, die auf allen Meeren zerstreut waren, hütete, ging er mit dem kleinen Nachen, auf welchem er fuhr, unter.

Er war der erste, welcher die Sitte aufbrachte, um Geld zu lehren, und der erste, welcher damit etwas bei den Griechen einführte, was seinen Tadel verdient; denn die mit Kosten verknüpften Studien schätzen wir mehr, als die unentgeltlichen. Da Plato sah, dass Protagoras eine schwülstige Darstellung hatte und durch diese Schwülstigkeit schleppend, manchmal auch übermäßig weitläufig wurde, so stellte er seine Art zu sprechen in einer langen Fabel dar.[44]

[1171] 11. Der Sophist **Hippias aus Elis** hatte ein so starkes Gedächtnis auch noch im Greisenalter, dass er 50 Worte, die er nur einmal hörte, auswendig nachsagen konnte in derselben Ordnung, in welcher er sie gehört hatte. Er flocht in seine Reden auch Lehren der Geometrie, Sternkunde, Musik und Sätze über die rhythmische Anordnung der Rede ein; auch sprach er von der Maler- und Bildhauerkunst. Dies tat er in den andern Städten; in Lakedämon dagegen redete er von dem Ursprung der Städte, ihren Pflanzstädten und Taten, weil die Lakedämonier bei ihrem Streben nach der Herrschaft an dergleichen Reden Gefallen fanden. Man hat von ihm auch einen Troikus, der aber ein Gespräch und keine Rede ist, wie Nestor in dem eroberten Troja dem Neoptolemos, des Achilles Sohn, Vorschriften gibt, was er zu tun habe, um als braver Mann zu erscheinen. Er war am öftesten unter allen Griechen Gesandter für Elis und büßte nirgends seinen Ruhm ein, wo er vor dem Volke sprach und Vorträge hielt, sondern erwarb sich am meisten Geld (unter allen Sophisten) und wurde in großen und kleinen Städten unter die Bürger aufgenommen. (Er reiste auch nach Inykus [in Sizilien] um sich Geld zu verdienen. Die Einwohner dieses Städtchens sind Sizilier, und dies rückte ihm Plato in seinem Gorgias spottend vor[45]). Wie er jederzeit Beifall einerntete, so ergötzte er die Griechen in Olympia durch mannigfaltige und gut ausgearbeitete Vorträge[46]. Seine Darstellung war nicht [1172] mager, sondern reich und natürlich, selten nahm er seine Zuflucht zu dichterischen Ausdrücken.

12. **Prodikus von Keos** (einer der kykladischen Inseln) wurde so berühmt wegen seiner Kunst, dass sogar Xenophon, des Gryllus Sohn, als er

in Böotien gefangen saß, seinen Vorträgen zuhörte, indem er einen Bürgen für seine Person stellte. In Athen trat er als Gesandter im Rathause mit einem Vortrage auf und wurde für den geschicktesten Redner gehalten, obgleich seine Aussprache unangenehm zu hören und sein Ton tief war. Er suchte die Jünglinge auf, welche von vornehmen Eltern und aus reichen Familien stammten und hatte sogar eigene Leute, welche ihm bei dieser Jagd behilflich waren; denn er war ein Sklave des Gelds und dem sinnlichen Vergnügen ergeben. Die Wahl des Herkules, jene Erzählung des Prodikos, welche ich im Anfang erwähnte[47], hielt selbst Xenophon nicht für unwürdig einer ausführlichen Darstellung; was soll ich also den Stil des Prodikos schildern, da ihn Xenophon hinlänglich wiedergegeben hat?

13. Den **Polus aus Agrigentum** (in Sizilien, jetzt Girgenti) bildete Gorgias um viel Geld, wie man sagt, zum Sophisten: Denn Polus gehörte auch unter die Reichen. Einige die behaupten, Polus habe sowohl den Gleichklang in einzelnen Worten als auch in ganzen Sätzen, und die Gegensätze erfunden, haben aber nicht recht; denn dieser Schmuck der Rede war vor ihm erfunden und Polus gebrauchte ihn nur übermäßig. Deswegen sagt Plato, wegen dieser gesuchten Künstlichkeit ihn bespöttelnd: „O Ioste Pole (d. h. mein bester Polus), um dich nach deiner Art anzureden."

[1173] 14. Diejenigen, welche auch den **Thrasymachus von Chalkedon** (in Bithynien, gegenüber von Byzantium) unter die Sophisten zählen, scheinen mir den Plato zu missverstehen, wenn er sagt[48], es sei dasselbe, einen Löwen zu scheren und den Thrasymachus fälschlich anzuklagen; denn damit will er ihm doch wohl seine Verfertigung gerichtlicher Reden und seine Beschäftigung bei den Gerichten als falscher Ankläger vorwerfen.

15. (1.) Ob ich den **Antiphon**[49] aus dem rhamnusischen Gau (in Attila) einen braven, oder einen schlechten Mann nennen soll, weiß ich selbst nicht; denn ein braver Mann verdient er aus folgenden Gründen zu heißen: Er war sehr oft Feldherr, erfocht sehr viele Siege, vermehrte die athenische Seemacht um 60 bemannte Dreiruder und galt für den geschicktesten Redner in Rücksicht auf Ausdruck und Gedanken. Deswegen also muss er von mir und jedem andern gelobt werden. Für schlecht aber kann man ihn mit Recht aus folgenden Gründen halten: Er hob die Volksherrschaft auf, brachte das athenische Volk in die Sklaverei, war zuerst ein geheimer, später ein offener Anhänger der Lakedämonier und lieferte einer Schar von 400 Tyrannen die athenische Staatsverwaltung in die Hände[50]
.

(2.) Die Rhetorik soll Antiphon nach einigen erst erfunden, nach andern nur vervollkommnet haben, auch soll er nach den einen durch sich selbst, nach den andern durch seinen Vater (zum Redner) gebildet worden sein. Denn sein Vater sei Sophilus gewesen, ein Lehrer der kunstmäßigen Beredsamkeit, welcher außer andern einfluss-[1174]reichen Männern auch den Sohn des Klinias, (den Alkibiades) unterrichtete. Nachdem Antiphon die Kunst der Überredung sich in hohem Grade zu eigen gemacht und den Beinamen Nestor erhalten hatte, weil er in Allem, worüber er sprechen mochte, überzeugen könnte, kündigte er Vorträge an, welche den Kummer verscheuchen sollten, indem man keinen so großen Gram nennen könne, den er nicht aus dem Herzen verbannen würde. In dem Lustspiele wird Antiphon angegriffen als ein durch seine Rednergewalt in den gerichtlichen Angelegenheiten gefährlicher Mann und als Verfasser von Reden, welche gegen das Recht verstoßen, die er um viel Geld gerade an die verkaufe, welche in peinliche Untersuchungen verwickelt seien. Wie es damit sich verhält, will ich erklären. Die Menschen ehren in allen andern Wissenschaften und Künsten die in jeder Ausgezeichneten und schätzen die geschickten Ärzte höher als die ungeschickten, desgleichen in der Wahrsagekunst und in der Musik den gebildeteren, ebenso urteilen sie auch von der Baukunst und allen Handwerkern; die Redekunst dagegen loben sie zwar, hegen aber den Verdacht gegen sie, dass sie Schleichwege gebrauche, auf Gelderwerb abziele und das Recht verdrehe, und so denken über diese Kunst ebensowohl die bedeutendsten unter den Gebildeten, als der große Haufe. Daher nennen sie gefährliche Redner diejenigen, welche große Geschicklichkeit in der Erfindung und in der Darstellung besitzen, und legen der Vorzüglichkeit in diesem Fache einen nichts Gutes besagenden Namen bei. Da es sich nun so verhält, so war es, denke ich, nichts Auffallendes, dass auch Antiphon ein Gegenstand für das Lustspiel wurde, da dieses gerade das, was der Beachtung wert ist, zu verspotten pflegt.

(3.) Er wurde in Sizilien durch den Tyrannen Dionysius getötet, die Ursache seines Todes aber schreiben wir mehr dem Antiphon, als dem Dionysius zu. Er setzte nämlich die Trauerspiele des [1175] Dionysius herunter, auf welche sich dieser noch mehr einbildete, als auf den Besitz der Herrschaft, und als der Tyrann von der besten Gattung des Erzes sprach und die Anwesenden fragte, welches Festland oder welche Insel das beste Erz hervorbringe, so sagte Antiphon, welcher zufällig bei dem Gespräche zugegen war: „Ich halte das zu Athen für das Beste, aus welchem die Standbilder des Harmodius und Aristogiton verfertigt sind!"[51] Deswegen also musste er sterben, weil er dem Dionysius nachstelle und die Sizilier gegen ihn ausreize. Antiphon fehlte hier erstens darin, dass er einen Tyrannen beleidigte, unter dem er doch lieber leben wollte, als daheim unter Volksherrschaft stehen; zweitens dass er die Sizilier in Freiheit setzen wollte, während er die Athener in Sklaverei brachte, ja noch mehr, indem er den Dionysius von Verfertigung der Trauerspiele abzog, zog er ihn von einer Zerstreuung ab, denn solche Beschäftigungen sind zerstreuend, und den Untertanen ist es lieber, wenn die Tyrannen auf unbedeutende Dinge ihre Aufmerksamkeit richten, als wenn sie auf alles achten; denn im ersten Falle werden sie weniger morden, weniger unternehmend und raubsüchtig sein; ein Tyrann aber, der sich mit Trauerspielen abgibt, ist einem Arzte zu vergleichen, der krank ist und sich selbst heilt. Denn die Erfindung und Ausführung der zu Grunde liegenden Fabel, die Selbstgespräche, die Chorgesänge, die Darstellung der Charaktere, wovon notwendig die meisten sittlichgut sein müssen, bewirken bei den Tyrannen eine Veränderung in ihrem ungestümen und heftigen Wesen, wie die Arzneien bei den Krankheiten. Dies wollen wir jedoch nicht als eine Anklage gegen Antiphon betrachtet [1176] wissen, sondern als einen Rat für Alle, die Tyrannen nicht herauszufordern und Menschen von grausamem Charakter nicht zum Zorne zu reizen.

(4.) Unter seinen Reden sind die gerichtlichen am zahlreichsten; in diesen zeigt sich seine Rednergewalt und seine ganze Kunst; unter seinen sophistischen Reden zeichnet sich die über die Eintracht aus; in dieser finden sich herrliche und wahrhaft philosophische Gedanken, ein feierlicher und durch den Gebrauch dichterischer Ausdrücke blühender Stil und die weitläufig ausgeführten Partien gleichen ebenen Gefilden.

16. (1.) Wenn der Sophist Kritias die Volksherrschaft in Athen stürzte[52], so ist er darum noch kein schlechter Mann, denn sie wäre durch sich selbst gestürzt worden, da das Volk so übermütig war, dass es nicht einmal denen gehorchte, welche gesetzmäßig den Staat verwalteten: Sondern darum, weil er ein erklärter Anhänger der Lakedämonier war, zum Verräter an dem Heiligen wurde, die langen Mauern durch Lysander niederreißen ließ, den von ihm vertriebenen Athenern den Aufenthalt in Griechenland unmöglich zu machen suchte, indem er allen, welche einen verbannten Athener aufnehmen würden, mit Krieg von Seiten der Lakedämonier drohte, an Grausamkeit und Mordlust die Dreißige überbot und die Lakedämonier in dem unsinnigen Gedanken unterstützte, Attila seiner Bevölkerung zu berauben und von Viehherden abweiden zu lassen, erscheint er mir als der schlechteste unter allen, die je durch Schlechtigkeit berüchtigt geworden sind.

(2.) Hätte er als ein ungebildeter Mensch sich dazu verleiten lassen, so möchte die Entschuldigung derjenigen gelten, welche sagen, [1177] er sei durch die Thessalier und seinen Aufenthalt bei ihnen verdorben worden; denn Menschen von ungebildetem Charakter lassen sich leicht zu jeder Lebensweise verführen: Da er aber eine ausgezeichnete Bildung besaß, in seinen Reden sehr viele Lebensregeln vortrug und sein Geschlecht aus Dropikes[53] zurückführte, welcher nach Solon in Athen Archon war, so kann er wohl bei den meisten der Anklage nicht entgehen, dass diese Fehler in seinem schlechten Charakter ihren Grund hatten. Denn auf der andern Seite ist auch das ungereimt, dass er nicht den Sokrates, des Sophroniskos Sohn, zum Vorbilde nahm, mit dem er ja so oft Unterredungen über Philosophie hatte, den anerkannt weisesten und gerechtesten Mann unter seinen Zeitgenossen, sondern die Thessalier, unter welchen ein wildes, ungezügeltes und tyrannisches Wesen bei ihren Trinkgelagen herrscht.

Jedoch selbst die Thessalier setzten die Wissenschaft nicht hintan, sondern in Thessalien beschäftigten sich kleine und große Städte nach dem Muster des Gorgias von Leontini mit seiner Kunst. Sie würden aber auch zur Nachahmung des Kritias sich belehrt haben, wenn er eine Probe seiner Wissenschaftlichkeit bei ihnen gegeben hätte; er aber bekümmerte sich darum nicht, sondern machte ihnen die Oligarchie noch drückender durch seine Unterredungen mit den Machthabern, seine Angriffe auf alle Volksherrschaften und seine Beschuldigungen gegen die Athener, [1178] dass sie am meisten unter allen Menschen Fehler begehen. Und so wird man, wenn man dieses bedenkt, eher behaupten können, dass Kritias die Thessalier verdorben habe, als die Thessalier den Kritias.

(3.) Er fiel durch Thrasybulus, welcher die Volkspartei aus der Verbannung zurückführte. Manche nun sind der Meinung, er habe sich durch seinen Tod als einen braven Mann gezeigt, weil er die Herrschaft sich zum Sterbekleide nahm[54], ich aber muss erklären, dass kein Mensch ehrenvoll stirbt für etwas, das er nicht mit Recht ergriffen hat. Deswegen scheint mir auch seine Weisheit und seine Schriften weniger von den Griechen geschätzt zu werden; denn wenn die Worte nicht mit dem Charakter übereinstimmen, so scheint eine fremde Stimme aus uns zu tönen, wie aus den Flöten.

(4.) In seiner Schreibart ist Kritias reich an Lehrsätzen und Denksprüchen und besitzt in hohem Grade die Kunst, erhaben zu reden, jedoch nicht jene Erhabenheit, welche in den Dithyramben herrscht und zu dichterischen Ausdrücken ihre Zuflucht nimmt, sondern diejenige, welche sich der Worte in ihrer eigentlichen Bedeutung bedient und natürlich ist; ich finde auch, dass er sich ziemlich kurz fasst und seine Gegner wacker angreift unter dem Scheine der Verteidigung, und die attische Mundart nicht übermäßig noch ungeschickt anwendet, denn Geschmacklosigkeit in dieser Hinsicht ist Barbarei, sondern wie einzelne Sonnenstrahlen schimmern die attischen Ausdrücke aus seiner [1179] Rede hervor. Auch gehört es zu den Schönheiten des Kritias, dass er ohne Bindewort zu einer Stelle übergeht, und eine besondere Stärke hat er darin, etwas Überraschendes in Gedanken und Ausdruck vorzubringen. Die Begeisterung, die in seinen Reden weht, ist zwar etwas schwach, aber anmutig und sanft, wie das Wehen des Zephyrs.

17. (1.) Die Sirene, welche auf dem Grabmal des Sophisten **Isokrates**[55] steht und singend dargestellt ist, zeigt seine Überredungskunst an, die er durch die rhetorischen Regeln und Figuren erlangte, indem er den Gleichklang in einzelnen Worten und ganzen Sätzen und die Gegensätze zwar nicht zuerst erfand, sondern – das waren sie schon – gut anwendete. Auch wandte er viele Sorgfalt auf den Schmuck der Rede, den Tonfall, die Stellung der Worte und den Wohlklang. Ebendieses hat auch die Sprache des Demosthenes gebildet; denn Demosthenes war zwar ein Schüler des Isäus, aber ein eifriger Nachahmer des Isokrates und übertraf ihn an Feuer,

Schwung, Schmuck und Raschheit der Rede und des Gedankens. Die Erhabenheit des Demosthenes ist kraftvoller, die des Isokrates sanfter und anmutiger. Als Beispiel von der Erhabenheit des Demosthenes wollen wir folgende Stelle[56] anführen: „Denn das Ziel des Lebens [1180] ist für alle Menschen der Tod, und wenn einer auch in einem Häuschen sich einschließt und verwahrt; der brave Mann aber muss immer alles Rühmliche unternehmen im Hinblicke auf die gute Hoffnung und mutig tragen, was die Gottheit schickt!". Des Isokrates Erhabenheit dagegen ist schmuckreich, wie in folgender Stelle[57]: „Da nämlich das ganze Land, das unter dem Himmel liegt, in 2 Teile geteilt ist und der eine Asien und der andre Europa heißt, so hat er nach dem Vertrage die Hälfte bekommen, wie wenn er mit Zeus das Land teilte."

(2.) Auf die Teilnahme an der Staatsverwaltung verzichtete er und trat nicht in den Volksversammlungen auf, teils wegen der Schwäche seiner Stimme, teils wegen des Neids der Athener, welcher gerade diejenigen traf, die etwas Vernünftigeres als andre zu reden wussten; dennoch aber entzog er den öffentlichen Angelegenheiten seine Tätigkeit nicht. Den Philippus nämlich suchte er durch sein Sendschreiben an ihn[58] mit den Athenern auszusöhnen und durch seine über den Frieden geschriebene Rede wollte er die Athener zum Rückzuge aus dem Meere veranlassen, weil sie aus demselben einen schlimmen Ruf sich zugezogen hatten; auch hat er den Panegyrikus geschrieben, welchen er in Olympia vortrug und worin er den Grie-[1181]chen zuredet, nach Asien zu ziehen, nachdem sie die Streitigkeiten im Innern aufgegeben.

(3.) Der letztere, wenn er auch die schönste unter seinen Reden ist, hat doch den Vorwurf veranlasst, als sei er aus dem von Gorgias über denselben Gegenstand Gesprochenen zusammengesetzt. Am bestem unter den Arbeiten des Isokrates sind sein Archidamus und seine Rede ohne Zeugen [gegen Euthynus[59]] geschrieben. Denn durch jene zieht sich eine erhabene Gesinnung, welche die Lakedämonier nach der Leuktrischen Niederlage wieder ermutigt, und nicht nur die Ausdrücke sind gewählt, sondern auch ihre Verbindung prächtig und die ganze Rede ist voll Leben, daher auch ihr mythischer Teil, welcher von Herkules und den Rindern handelt, mit einer eigentümlichen Kraft dargestellt ist: Die Rede ohne Zeugen aber verrät eine durch den Tonfall gemäßigte Kraft, denn Gedanke auf Gedanken endigt in gleichgliedrigen Perioden.

(4.) Unter den vielen Schülern des Isokrates war der ausgezeichnetste der Redner Hyperides: Denn Theopompus von Chius und Ephorus von Cumä möchte ich weder tadeln noch loben. Diejenigen, welche meinen, Isokrates sei in dem Lustspiele als Flötenmacher verspottet, irren; denn er hatte zwar den Theodorus zum Vater, welchen man in Athen Flötenmacher nannte, er selbst aber verstand weder das Flötenmachen, noch sonst ein Handwerk; denn er hätte gewiss kein Standbild in Olympia erhalten, wenn er ein verächtliches Geschäft getrieben hätte. Er starb zu Athen gegen 100 Jahre alt und wir [1182] dürfen ihn unter die im Kriege Gefallenen zählen, da er nach der Schlacht bei Chäronea sein Leben (freiwillig) endigte, weil er die Nachricht von der Niederlage der Athener nicht zu ertragen vermochte.

18. (1.) Von **Aeschines**[60], des Atrometus Sohn, welchen ich den Stifter der zweiten Sophistik nenne[61], muss Folgendes bemerkt werden. Die ganze Rednerschaft zu Athen hatte sich in zwei Parteien getrennt: Die einen schlossen sich an den Perserkönig an, die andern an die Makedonier. Die Hauptperson unter denen, welche für den Perserkönig gestimmt waren, war Demosthenes aus dem päanischen Gaue (in Athen), und unter denen, welche dem Philippus (von Makedonien) anhingen, Aeschines aus dem kothotidischen Gaue, und von beiden erhielten sie große Summen, indem der Perserkönig durch die Athener den Philippus beschäftigte, dass er nicht nach Asien ziehen konnte, und Philippus die Macht der Athener zu vernichten suchte, als ein Hindernis seines Übergangs nach Asien. Der Grund zur Feindschaft zwischen Aeschines und Demosthenes war eines Teils eben das, dass der eine diesen, der andre jenen König durch seine politische Wirksamkeit unterstützte, andern Teils, wie mir scheint, der Gegensatz in ihrem Charakter; denn aus entgegengesetzten Charakteren entspringt Hass, der keine äußere Veranlassung hat. Dieser Gegensatz bestand in Folgendem: Aeschines galt für einen starken Weintrinker, für einen angenehmen und lustigen Mann, der seine ganze Anmut dem Dionysos (Bacchus) verdankte; denn in seiner Jugend sprach er auch für die engbrüstigen Schauspieler die Rollen in den [1183] Trauerspielen; Demosthenes dagegen erschien als ein mürrischer und finstrer Mann und Wassertrinker, und wurde daher unter die grämlichen und verdrießlichen Leute gerechnet. Dies war um so mehr der Fall, als beide mit mehreren andern als Gesandte zu Philippus reisten und zusammen leben mussten, indem Aeschines den Mitgesandten munter und angenehm erschien, Demosthenes aber trocken und beständig ernsthaft. Gesteigert wurde ihre Feindschaft durch die Rede, welche sie wegen Amphipolis vor Philippus halten mussten, wobei Demosthenes in seiner Rede stecken blieb. Aeschines aber wird auch nicht unter die gezählt werden, welche den Schild wegwarfen, wenn man seine Heldentat in der (358 v. Chr. aus Euböa gelieferten) Schlacht bei Tamyna bedenkt, in welcher die Athener über die Böotier siegten. Er wurde teils wegen seiner hier bewiesenen Tapferkeit, teils weil er mit unglaublicher Schnelligkeit die frohe Kunde von dem Siege nach Athen brachte, von dem Staate mit einem Kranze belohnt.

(2.) Als ihn Demosthenes (in seiner Rede über die Truggesandtschaft) anklagte, als ob er an dem Unterliegen der Phokäer Schuld wäre, verwarfen die Athener die Beschuldigung; nach der Verurteilung des Antiphon aber wurde er ohne gerichtliche Untersuchung bestraft und die Areopagiten entzogen ihm die Verteidigung der (athenischen) Ansprüche aus den delischen Tempel. Ja er ist von dem Verdachte bei den meisten noch nicht gereinigt, dass er zum Pylagoras ernannt den Philippus nach Elatea (in Phokis 338 v. Chr.) hereingeführt habe, indem er die Versammlung (der Amphiktyonen) in [1184] Pylä durch gleißende Reden und Fabeln in Verwirrung brachte. Athen verließ er heimlich, nicht weil er zur Verbannung verurteilt war, sondern um der Schande auszuweichen, welcher er durch sein Unterliegen gegen Demosthenes und Ktesiphon Preis gegeben wurde, weil er die zu seiner Lossprechung nötige Zahl von Stimmen nicht erhalten hatte. Seine Absicht bei dieser Reise war, zu Alexander zu gehen, der bald nach Babylon und Tusa kommen sollte; als er aber in Ephesus einlief und hörte, derselbe sei gestorben und seine Angelegenheiten in Asien in Verwirrung, so blieb er in Rhodos, (diese Insel war günstig gelegen für die Beschäftigung mit den Wissenschaften,) errichtete eine Sophistenschule in Rhodos und lebte daselbst in Ruhe den Musen opfernd und den dorischen Sitten attische beimischend.

(3.) Er war der Erste, welcher das Lob erlangte, dass er fließend und wie durch göttliche Eingebung aus dem Stegreife spreche; denn dieses letztere war bisher in den Reden der Sophisten nicht gebräuchlich und fing erst mit Aeschines an, der mit einer göttlichen Begeisterung aus dem Stegreife sprach, wie diejenigen, welche die Orakelsprüche geben. Er war ein Schüler des Plato und Isokrates, hatte aber auch manches aus sich selbst geschöpft; er besitzt nämlich eine lichtvolle Deutlichkeit in der Sprache, eine zarte Erhabenheit und eine mit Kraft verbundene Anmut, und überhaupt ist der Charakter seiner Darstellung zu vollkommen, als dass er durch Nachahmung erworben sein könnte.

(4.) Zu den Reden des Aeschines gehört nach Einigen auch noch eine vierte, die Delische, in der seine Redeweise unrichtig nachgeahmt ist; denn niemals würde er die Rede über Amphissa (in Loeris), durch welche die Krissäische Ebene (in Phokis) für heiliges Land erklärt wurde, auf gleißende Weise und mit Schmuck vorgetragen haben, [1185] indem er den Athenern einen schlechten Rat erteilte, wie Demosthenes sagt[62], dagegen die delischen Sagen, in welchen die Lehre von den Göttern und ihrer Abstammung und Altertumskunde vorkommt, so schlecht abgefasst haben, zumal da er die Sache der Athener zu führen hatte, welche keinen geringen Wert darauf legten, ihre Ansprüche auf den delischen Tempel nicht zu regieren. Auf 3 Reden ist also die Beredsamkeit des Aeschines zu beschränken, die gegen Timarchus, die Verteidigung seiner Gesandtschaft und die Anklage gegen Ktesiphon. Auch eine vierte Schrift gibt es von ihm, seine Briefe, die zwar nicht zahlreich, aber voll Gelehrsamkeit und sittlicher Betrachtungen sind.

(5.) Von der Sittlichkeit seines Charakters gab er auch den Rhodiern eine schöne Probe. Als er nämlich einmal seine Rede gegen Ktesiphon öffentlich vorlas, wunderten sie sich, wie er bei einer solchen Rede unterliegen konnte und schalten die Athener, als hätten sie unvernünftig gehandelt. Er aber sagte: „Ihr würdet euch nicht wundern, wenn ihr den Demosthenes hättet darauf antworten hören!", und lobte damit nicht bloß seinen Feind, sondern sprach auch die Richter von der gegen sie erhobenen Beschuldigung frei.

19. (1.) Den Ariobarzanes aus Kilikien, den Xenophon aus Sizilien und den Pythagoras aus Kyrene (in Afrika), welche weder in der Erfindung, noch in der Darstellung des Erfundenen, für stark galten, sondern nur aus Mangel an tüchtigen Sophisten bei den Griechen ihrer Zeit in Achtung standen, wie bei denen, welche an Getreide Mangel leiden, die Erbsen[63] – übergehen wir und kommen [1186] jetzt zu **Niketes aus Smyrna**. Dieser fand die Kunst auf einen engen Raum eingeschränkt und gab ihr Straßen, die noch weit glänzender waren als die, welche er in (seiner Vaterstadt) Smyrna anlegte, da er die Stadt bis an das nach Ephesus führende Tor ausdehnte und wegen ihrer Größe seine Taten mit seinen Reden auf gleiche Höhe erhob. Dieser Mann schien in seinen gerichtlichen Reden vorzüglicher in der gerichtlichen Beredsamkeit, in seinen sophistischen aber in der sophistischen, weil er mit großer Geschicklichkeit und gleichsam in die Wette zu beiden sich gebildet hatte. Die gerichtlichen Reden nämlich stattete er mit einem gewissen sophistischen Schmucke aus und den sophistischen verlieh er Stärke durch den Sporn der gerichtlichen. Seine Schreibart wich von der alten Staatsberedsamkeit ab durch einen begeisterten und dithyrambenartigen Ton, und eigentümliche und überraschende Gedanken entströmen ihm, wie den Thyrsusstäben Honig und Bäche von Milch.

(2.) Obgleich er hoch in Ehren stand, da Smyrna viel Lärm von ihm machte, als einem bewundernswürdigen Manne und Redner, so trat er doch nicht oft vor dem Volke auf, sondern sagte, als er darüber von dem großen Haufen getadelt wurde: „Fürchte das Volk mehr, wenn es lobt, als wenn es schilt!" Als einmal ein Zolleinnehmer vor Gericht gegen ihn unverschämt war und sagte: „Höre auf, mich anzubellen!", so erwiderte Niketes sehr witzig: „Gewiss, wenn auch du aufhörst, mich zu beißen!"

Seine Reise über die Alpen und den Rhenus (Rhein) erfolgte auf kaiserlichen Befehl aus folgender Veranlassung. Ein Konsul, mit Namen Rufus, behandelte die Smyrnäer bei seiner Verwaltung der Rechtspflege und Staatseinkünfte streng und hart. Mit diesem hatte Niketes einen kleinen Verdruss und sagte zu ihm: „Lebe wohl!" und kam nicht mehr vor ihn, wenn er Recht sprach. So lange er nun bloß [1187] einer Stadt vorstand, hielt er sich nicht für gekränkt, als er aber zum Befehlshaber der gallischen Heere ernannt war, erinnerte er sich der Beleidigung; denn das Glück macht nicht nur überhaupt die Menschen stolz, sondern bewirkt auch, dass sie das, was sie vor ihrer Erhöhung mit einer dem Menschen ziemenden

Gemütsruhe ertrugen, sich nicht mehr gefallen lassen. Er schrieb daher an den Kaiser Nerva viel Nachteiliges über Niketes, und dieser antwortete ihm: „Höre selbst seine Verteidigung und wenn du ihn schuldig findest, so bestrafe ihn!" Dies schrieb aber der Kaiser nicht, als ob er den Niketes ihm preisgäbe, sondern um den Rufus zur Verzeihung zu stimmen; denn, (dachte er,) Rufus könnte einen solchen Mann, nachdem dessen Schicksal in seine Hände gelegt sei, weder hinrichten noch sonst bestrafen, ohne dem, welcher ihn zum Richter über seinen Feind gesetzt hatte, grausam zu erscheinen. Deswegen musste er also an den Rhenus und zu den Galliern reisen. Als er nun zu seiner Verteidigung auftrat, rührte er den Rufus so, dass dieser mehr Tränen vergoss, als in der ihm zum Sprechen anberaumten Zeit Wasser in der Wasseruhr abfloss und ihn nicht nur ungekränkt entließ, sondern bewundert und gepriesen, so sehr irgendein Smyrnäer es sein konnte. In spätern Zeiten hat der Sophist Heraklides aus Lykien ihn gerechtfertigt in einer Schrift „Der gereinigte Niketes", ohne zu wissen, dass er einem Kolosse eine Pygmäenrüstung anlegte.

20. (1.) Der Sophist **Isäus aus Assyrien** war in seiner Jugend dem sinnlichen Vergnügen ergeben: Er fröhnte dem Gaumen und der Kehle, trug feine (durchsichtige) Kleider, hatte viele Liebschaften und verübte unverhohlen mutwillige Streiche; als er aber ins Mannesalter eintrat, veränderte er sich so sehr, dass er ein ganz andrer Mensch zu sein schien. Das Lachlustige, das man an ihm zu sehen gewohnt war, verbannte er aus Gesicht und Sinn, Leier und Flöte hörte er nicht [1188] einmal auf der Bühne mehr, die dünnen Gewänder und die bunten Oberkleider legte er ab, seinen Tisch schränkte er ein und der Liebe entsagte er, wie wenn er keine Augen mehr hätte. Als ihn daher der Redner Arbys fragte, ob ihm eine gewisse Dirne schön vorkomme, antwortete Isäus ganz züchtig: „Ich leide nicht mehr an den Augen.", und als ihn ein andrer fragte, welcher Vogel und Fisch am besten schmecke, sagte Isäus: „Ich kümmere mich darum nicht mehr; denn ich habe eingesehen, dass ich in des Tantalus Gärten Früchte sammle."[64] Dadurch gab er dem Fragenden zu verstehen, dass alle Vergnügungen Schatten und Träume seien.

(2.) Zu Dionysius aus Milet, seinem Schüler, welcher seine rednerischen Versuche mit theatralischer Modulation vortrug, sagte Isäus tadelnd: „Jüngling aus Ionien, ich habe dich nicht singen gelehrt!" Als ein andrer Jüngling aus Ionien gegen ihn seine Bewunderung ausdrückte über einen hochtrabenden Ausspruch, den Niketes in seinem Xerxes gebrauchte: „An das königliche Schiff wollen wir Aegina (als Beute) anbinden!"[65], so lachte Isäus tüchtig und sagte: „Tor, und wie willst du dann fortschiffen?"

Seine Reden über erdichtete Fälle hielt er nicht aus dem Stegreife, sondern nach einer Vorbereitung vom Morgen bis zum Mittag. Seine Darstellung war weder überladen, noch mager, sondern einfach und natürlich und der Sache angemessen. Auch sich kurz auszudrücken und jeden Gegenstand ins Kurze zu ziehen, ist eine [1189] Kunst des Isäus, wie er in manchem andern, besonders aber in Folgendem gezeigt hat. Er stellte nämlich die Lakedämonier dar, wie sie wegen einer Mauer[66] beratschlagen, und drückte sich mit den wenigen Worten aus Homer[67] in aller Kürze aus:

„Tartsch' an Tartsche gelehnt, an Helm Helm, Krieger an Krieger, (Voss)

also steht mir, Lakedämonier, und wir haben eine Mauer."

In seiner Anklage gegen Python von Byzantium, wobei er annahm, dieser sei einem Orakelspruche zufolge wegen Verräterei gefangen gesetzt und die Verräterei sei vor Gericht abgeurteilt, als Philippus mit dem Heere wieder aufgebrochen, fasste er den ganzen Rechtsstreit in drei Gedanken zusammen. Seine ganze Rede besteht in folgenden drei Sätzen: „Ich beweise, dass Python ein Verräter ist, mit dem Ausspruche des Gottes, mit seiner Gefangensetzung durch das Volk, mit dem Aufbruche des Philippus; denn der Gott hätte den Ausspruch nicht getan, wenn nicht Einer es wäre, das Volk ihn nicht gefangen gesetzt, wenn er es nicht wäre, und Philippus wäre nicht wieder aufgebrochen, wenn er nicht den, der es ihm möglich machte, zu kommen, nicht getroffen hätte!"

21. (1.) Ehe ich von dem Sophisten **Skopelianus** spreche, will ich zuvor die, welche ihn herunterzusetzen suchen, widerlegen. Sie schließen ihn nämlich aus der Reihe der Sophisten aus und nennen ihn einen dithyrambenartigen, überladenen und plumpen Redner, und so reden Leute von ihm, welche eine magere und matte Sprache haben und nichts aus dem Stegreife vorzubringen vermögen. Denn von Natur sind die Menschen neidisch. Daher werden die Großen von den Kleinen verlästert, die Schönen von den Hässlichen, die Leichten und [1190] Behenden von den Langsamen und Hinkenden, die Herzhaften von den Feigen, die geschickten Leierspieler von den Unmusikalischen und die in der Ringschule Gebildeten von den Ungeübten. Man darf sich also nicht wundern, wenn Leute, denen die Zunge nicht gelöst und Stillschweigen auferlegt ist[68], die weder selbst einen erhabenen Gedanken zu fassen, noch wenn ein andrer einen solchen fasst, ihn anzuerkennen vermögen, denjenigen begeiferten und heruntersetzten, welcher am fertigsten, herzhaftesten und erhabensten unter allen Griechen seiner Zeit redete. Dass sie ihn aber verkannt haben, will ich zeigen, und auch seiner Familie Verhältnisse angeben.

(2.) Er war Oberpriester in Asien und ebenso seine Voreltern, jedesmal der Sohn auf den Vater, und diese Ehre ist sehr groß und geht über viel Geld. Er war ein Zwillingskind und beide Brüder lagen in Windeln: Als sie aber 5 Tage alt waren, wurde der Eine vom Blitze getroffen, der Andere an keinem Sinne verletzt, obgleich er neben dem Erschlagenen lag: Und doch ist das Feuer des Blitzstrahls so scharf und schwefelicht, dass es die in der Nähe Befindlichen teils durch die Betäubung tötet, teils am Gehöre und Gesichte beschädigt, teils ihren Verstand verwirrt. Allein Skopelianus wurde von keinem Unfalle der Art betroffen; denn er blieb sogar bis in sein hohes

Alter kräftig und gesund. Warum ich mich aber darüber so sehr wundere, will ich dir sagen. Es speisten einmal aus Lemnos (Insel im Ägäischen Meere, jetzt Stalimene) unter einer großen Eiche 8 Schnitter bei dem sogenannten Horn der Insel. Dieser Ort ist ein Hafen und endigt sich in schmale, gekrümmte Spitzen. Als nun eine Gewitterwolke um die Eiche sich zusammenzog und ein Blitzstrahl auf sie fiel, wurde sie [1191] zersplittert, die Schnitter aber durch die Betäubung, welche sie traf, in der Stellung, in welcher sich gerade jeder befand, getötet. Der eine führte den Becher zum Munde, ein andrer trank, ein andrer kaute, ein andrer aß und die andern taten wieder etwas anderes, und so gaben sie den Geist auf, versengt und schwarz, wie die ehernen Bildsäulen an den warmen Quellen vom Rauche geschwärzt sind. Skopelianus aber wuchs so unter göttlichem Schutze auf, dass er dem Tode durch den Blitzstrahl entging, welchem nicht einmal jene abgehärteten Landleute entgingen, und unbeschädigt an seinen Sinnen, rüstig am Geiste und keiner Schläfrigkeit unterworfen blieb; denn auch von aller Mattigkeit war er frei.

(3.) In der Redekunst hatte er zum Lehrer den Niketes aus Smyrna, welcher ausgezeichnet war im Sprechen über erdichtete Fälle, noch viel mehr Kraft aber in den gerichtlichen Reden entwickelte. Als ihn nun die Klazomenier baten, er möchte seine Redeübungen in seiner Vaterstadt halten und meinten, Klazomenä (in Lydien) werde sich sehr heben, wenn ein solcher Mann bei ihnen eine Schule errichte, so lehnte er dies auf eine seine Weise ab, indem er sagte, die Nachtigall singe nicht in einem Käfige, und betrachtete gleichsam als den Hain, in welchem sein Wohllaut ertönen solle, Smyrna, und legte den größten Wert darauf, dort sich vernehmen zu lassen. Denn obgleich ganz Ionien gleichsam zu einem Musensitze[69] eingerichtet ist, so behauptet doch Smyrna die erste Stelle, wie bei den musikalischen Instrumenten der Steg.

(4.) Die Ursachen, warum sein Vater, der vorher gut und mild gegen ihn war, böse auf ihn wurde, werden verschieden angegeben; [1192] bald diese, bald jene, bald mehrere: Ich aber will die anführen, welche in Wahrheit am meisten dazu beitrug. Nach der Mutter des Skopelianus heiratete sein alter Vater eine Frau, mit welcher er eine ungültige und nicht gesetzliche Ehe einging. Der Sohn, sobald er dies erfuhr, machte ihm Vorstellungen und suchte ihn davon abzuhalten. So etwas ist aber den Männern, die schon über das heiratsfähige Alter hinaus sind, unangenehm, und die Frau ihrerseits erdichtete gegen ihn eine Beschuldigung, als liebe er sie, könne aber seine Zurückweisung nicht ertragen. Bei diesen Verleumdungen unterstützte sie auch ein Sklave, der bei dem Alten Koch war, mit Namen Cytherus, indem er seinen Herrn, wie es in den Lustspielen vorkommt, betrog und also sprach: „Herr, dein Sohn wünscht, dass du jetzt schon tot sein möchtest und lässt dir in deinem hohen Alter nicht einmal Zeit zu dem natürlichen und nicht fernen Tode, sondern sucht ihn sogar selbst herbeizuführen und auch noch meine Hände dafür zu erkaufen. Er hat nämlich allerlei tödliche Gifte für dich bereit und verlangt, dass ich das wirksamste davon dir unter ein Gemüse mische, wofür er mir die Freiheit verspricht und Felder und Häuser und Geld und alles, was ich von deinem Vermögen zu besitzen wünsche. Dies soll ich bekommen, wenn ich ihm seinen Willen tue, wo nicht, so verheißt er mir die Peitsche, die Folter und dicke Fußeisen und ein schweres Krummholz." Durch solche Täuschungen hinterging er seinen Herrn, und als dieser bald darauf sich seinem Ende näherte und mit seinem Testamente beschäftigt war, wurde er zum Erben eingesetzt und Sohn, Auge und liebe Seele (in dem Testamente) genannt. Dabei ist nicht das zu verwundern, dass er einen verliebten alten Mann zu fangen wusste, der vielleicht auch noch durch sein Alter und seine Liebe von Sinnen war; sind ja doch auch die jungen Leute, wenn sie verliebt sind, ihres Verstandes nicht mächtig; sondern dass er über Skopelianus [1193] bei seiner Jugend und seiner Stärke in gerichtlichen Reden den Sieg davontrug, als er wegen des Testaments mit ihm prozessierte und seiner Rednergewalt seinen Reichtum entgegensetzte. Er opferte nämlich einen großen Teil des Vermögens auf und erkaufte sich durch ungeheure Summen alle Zungen und Stimmen der Richter, sodass er überall Recht behielt. Daher sagte Skopelianus, die Besitzungen des Anaxagoras seien den Schafen[70], die seinigen aber einem Sklaven Preis gegeben worden. Nachdem Cytherus auch als Staatsmann zu Ansehen gekommen war, sah er schon im Greisenalter sein Vermögen schwinden, wurde allgemein verachtet und bekam sogar Schläge von einem Manne, an den er eben eine Schuld forderte. Er wandte sich daher an Skopelianus mit der Bitte, nicht mehr an das erlittene Unrecht zu denken und ihm nicht länger zu zürnen, sein väterliches Vermögen in Empfang zu nehmen, ihm einen Teil des Hauses, das sehr geräumig war, abzutreten, damit er nicht auf eine für ihn unanständige Weise darin zu leben gezwungen sei, und zwei Grundstücke am Meere zu überlassen; und dieser Teil des Hauses, in welchem Cytherus sein Leben beschloss, wird bis auf diese Zeit des Cytherus Haus genannt.

Dies habe ich erzählt, damit es nicht unbekannt bleibe und damit man auch daraus lerne, dass die Menschen das Spiel nicht nur eines Gottes[71], sondern auch andrer Menschen sind.

(5.) Dass zu der Zeit, als Skopelianus in Smyrna lehrte, Janier, Lydier, Karier, Mäonier, Aeolier und die nach griechischer Bildung begierigen Mysier und Phrygier dahin strömten, ist nichts [1194] Erstaunliches; denn für diese Völker ist Smyrna ganz nahe, da es sowohl zu Land, als zu Wasser leicht zugänglich ist; aber er zog auch Kappadokier und Assyrier dahin, Ägyptier und Phönikier, die geachtetsten Achäer und die ganze athenische Jugend. Zu der allgemeinen Meinung, dass er es mit seinen Vorträgen zu leicht nehme und zu wenig Sorgfalt darauf verwende, gab er zwar Veranlassung, da er die Zeit vor seinen Schulreden meistens in der Unterhaltung über die Staatsangelegenheiten mit den Obrigkeiten der Smyrnäer zubrachte: Aber eines Teils konnte er seinem ausgezeichneten und glänzenden Talente viel zumuten und studierte den Tag über wenig, andern Teils schlief er gar kurz; daher pflegte er zu sagen: „O Nacht, du besitzest ja am meisten Weisheit unter den Göttern[72]!", und nahm sie bei seinen Arbeiten zu Hilfe; er soll sogar vom Abend bis zum Morgen fortstudiert haben.

Er liebte zwar alle Dichtungsarten, am meisten aber war er für das Trauerspiel eingenommen, indem er nach der Erhabenheit seines Lehrers strebte; denn in dieser Hinsicht wurde Niketes sehr bewundert. Skopelianus aber ging so sehr zu einem höhern Grade von Erhabenheit über, dass er sogar eine Gigantia (Gigantenkampf)[73] verfasste, und damit den epischen Dichtern einen Stoff zur Nachahmung lieferte.

Unter den Sophisten hielt er sich am meisten an Gorgias von Leontini, unter den Rednern aber an die, welche eine glänzende Darstellung hatten. Seine Anmut war mehr eine Gabe der Natur als der Kunst; denn den Ioniern ist die Feinheit des Benehmens angeboren, bei ihm aber herrschte sogar die Neigung zum Lachen vor; [1195] denn finstern Ernst hielt er für widerwärtig und unangenehm. Vor dem Volke trat er immer mit einem heitern Gesicht auf und dies noch viel mehr, wenn die Versammlung stürmisch war, indem er sie schon durch sein munteres Aussehen aufheiterte und besänftigte. In Beziehung auf sein Verhalten vor den Gerichten zeigte er sich weder geldgierig noch schmähsüchtig; denn diejenigen, welche in einen peinlichen Prozess verwickelt waren, verteidigte er unentgeltlich, und diejenigen, welche in ihren Reden Schmähungen vorbrachten und dadurch eine Probe von rednerischem Feuer zu geben glaubten, nannte er betrunkene und wütende alte Weiber. Seine Reden über erdichtete Fälle hielt er zwar gegen Bezahlung, diese aber war bei dem einen größer, bei dem andern geringer, und stand im Verhältnisse zu dem Vermögen eines Jeden. Vor seinen Zuhörern trat er weder mit einem übermütigen und eingebildeten Wesen auf, noch mit schüchterner Verlegenheit, sondern wie es einem Manne ziemte, der für seinen Ruhm besorgt war, aber zugleich die feste Überzeugung hatte, dass es ihm an dem Gelingen nicht fehlen könne. Er sprach von seinem Sitze herab mit zarter Anmut, wenn er aber stehend sprach, so hatte seine Rede eine gewisse Stärke und Kraft. Er überdachte den Gegenstand nicht zu Hause und nicht vor der Versammlung, sondern ging hinaus und hatte in kurzer Zeit einen Überblick vom Ganzen gewonnen. Er besaß viel Wohllaut und seine Aussprache war angenehm; im Affekte schlug er häufig an die Hüften und brachte sich und die Zuhörer dadurch in Aufregung. Vortrefflich verstand er es, der Rede einen feinen Anstrich zu geben, wo der Sinn leise durchschimmert, und sich zweideutig auszudrücken; noch bewundernswürdiger aber war er in Behandlung solcher Gegenstände, die mehr Affekt erforderten, und am meisten in denjenigen aus der persischen Geschichte, wie sein Darius und Xerxes; denn diese scheint er mir am besten unter allen Sophisten [1196] dargestellt und den Spätern ein Muster der Darstellung gegeben zu haben; denn er drückte darin den Übermut und die Schalheit in dem Charakter der Barbaren aus und soll dabei auch in lebhafterer Bewegung gewesen sein, wie ein von Bacchus Begeisterter. Als daher einer von den Schülern des Polemo sagte, er schlage die Pauke, so fasste Skopelianus diesen Scherz auf und erwiderte: „Lass uns pauken, aber auf dem Schilde des Ajas!"[74]

(6.) Unter den vielen Gesandtschaften an den Kaiser, die ihm übertragen wurden, weil ihn immer die Gunst des Schicksals dabei begleitete, war am wichtigsten die für die Weinstöcke; denn diese wurde nicht bloß für die Smyrnäer, wie die meisten andern, sondern für ganz Asien gemeinschaftlich unternommen. Was diese Gesandtschaft zu bedeuten hatte, will ich angeben. Der Kaiser beschloss, Asien solle keine Weinstöcke haben, weil er meinte, der Wein habe die Aufstände veranlasst; man solle also die schon gepflanzten ausreißen und keine neuen mehr pflanzen. Dies machte eine gemeinschaftliche Gesandtschaft nötig und erforderte einen Mann, der wie ein andrer Orpheus oder Thamyris den Kaiser besänftigen könnte. Allgemein wurde Skopelianus gewählt, und dieser erreichte den Zweck seiner Gesandtschaft so vollkommen, dass er nicht nur mit der Erlaubnis zur Anpflanzung von Weinstöcken zurückkehrte, sondern sogar mit Strafandrohung gegen die, welche keine pflanzen.[75] Welchen Ruhm er in diesem Streite wegen der Weinstöcke einerntete, zeigt schon das Gesagte, nämlich seine Rede, die unter die bewundernswürdigsten gehört; ebenso aber auch das, was auf diese Rede folgte; denn er erhielt nicht [1197] nur von dem Kaiser die gewöhnlichen Geschenke[76] und viele Beifallsbezeigungen und Lobsprüche, sondern es begleiteten ihn auch viele edle Jünglinge nach Ionien aus Liebe zur Kunst.

(7.) Als er zu Athen war, nahm ihn Attikus, der Vater des Sophisten Herodes, als Gastfreund auf, weil er ihn wegen seiner Redekunst noch mehr bewunderte, als einst die Thessalier den Gorgias. Daher ließ er alle Büsten der alten Redner, welche in den Gängen seines Hauses standen, mit Steinen bewerfen, weil sie ihm seinen Sohn verdorben hätten. Herodes war damals noch ein Jüngling und stand noch unter väterlicher Gewalt, liebte aber bloß das Reden aus dem Stegreife, ohne jedoch Selbstvertrauen genug dazu zu haben; denn bis dahin war er mit Skopelianus nicht zusammengekommen und wusste nicht, wie man es mit den Stegreifreden anzugreifen habe. Daher war ihm die Anwesenheit desselben willkommen; denn als er ihn sprechen hörte und bemerkte, wie er die Rede aus dem Stegreife behandelte, wurde er durch ihn (gleichsam) beflügelt und angeleitet. Er fasste den Entschluss, seinen Vater zu erfreuen, und kündigte ihm eine Rede nach der Weise des Gastfreunds an; sein Vater aber gewann ihn lieb wegen dieser Nachahmung und schenkte ihm 500 Talente, dem Skopelianus aber 15, und Herodes selbst gab ihm von seinem eigenen Geschenke ebenso viel, als sein Vater, dazu und nannte ihn seinen Lehrer. Dies von Herodes zu vernehmen, war ihm lieber, als die Quelle des Paktolus[77].

(8.) Welches Glück er bei seinen Gesandtschaften hatte, kann man auch aus Folgendem abnehmen. Die Smyrnäer brauchten einmal einen Gesandten und die Gesandtschaft betraf sehr wichtige Angelegenheiten. Nun war Skopelianus schon alt und nicht mehr in den [1198] Jahren, um eine Reise zu unternehmen; daher wurde Polemo gewählt, welcher bisher noch keine Gesandtschaft verwaltet hatte. Als er nun das Gebet für einen glücklichen Erfolg verrichtete, bat er, die Überredungsgabe des Skopelianus möchte ihm zuteil werden, und indem er ihn vor der Versammlung umarmte, sprach er:

Gib mir auch um die Schultern die Rüstungen, welche du trägest, Ob sie vielleicht für dich mich anseh'n[78].

die Worte des Patroklus auf eine seine Weise auf Skopelianus anwendend. Auch Apollonius von Tyana, der eine übermenschliche Weisheit besaß, zählte den Skopelianus zu den bewundernswürdigen Menschen.

22. (1.) Ob **Dionysius von Milet** von sehr vornehmen Voreltern abstammte, wie einige behaupten, oder nur von freien, wie andre, mag dahingestellt bleiben, da er durch seine eigene Tüchtigkeit berühmt wurde; denn auf die Vorfahren sich zu berufen ist die Sache derjenigen, welche keinen selbstverdienten Ruhm besitzen. Er war ein Schüler des Isäus, von welchem ich (S. 1183) gesagt habe, dass er einen natürlichen Ausdruck hatte, und eignete sich diesen ziemlich an, so wie auch die gute Ordnung der Gedanken, welche ebenfalls eine Eigenschaft des Isäus war. Bei aller Anmut in den Gedanken war er nicht verschwenderisch mit dem Ergötzlichen, wie einige Sophisten, sondern sparsam und pflegte zu seinen Bekannten zu sagen, den Honig müsse man mit der Spitze des Fingers und nicht mit der hohlen Hand kosten. Dies zeigt sich in allen Reden des Dionysius, sie mögen Vernunft-, oder Rechts-, oder moralische Fragen betreffen, am allermeisten aber in seiner Klage über die Niederlage bei Chäronea. Er stellte nämlich den Demosthenes dar, wie er nach der Schlacht bei Chäronea vor dem Senate [1199] erscheint, und schloss seine Rede mit folgendem Klageruf: „O Chäronea, du Unglücksort und du zum zweitenmal auf der Barbaren Seite übergetretenes Böotien! Wehklaget, ihr Helden in der Unterwelt, bei Platäa[79] sind wir besiegt worden!" und dann wieder: „Bei den Arkadiern, welchen man es zum Vorwurf macht, dass sie um Sold dienen, hat sich ein Kriegsmarkt eröffnet und der Griechen Unglück bringt Arkadien Gewinn, und ein Krieg naht, der ihnen keine Anklage zuzieht!" — So war im Allgemeinen die Darstellung des Dionysius, welche er in seinen Reden über erdichtete Fälle befolgte, auf welche er eben so viel Zeit, als Isäus, zum Überdenken des Gegenstands verwendete.

(2.) Wie die Sage entstand, die von Dionysius umlief, er habe durch Chaldäerkünste seiner Schüler Gedächtnis ausgebildet, will ich angeben. Künstliche Mittel für diesen Zweck gibt es nicht und wird es wohl nie geben; denn das Gedächtnis gibt zwar künstliche Mittel, aber es lässt sich selbst nicht lehren und durch keine Kunst erlangen, denn es ist ein Vorzug der Naturanlage oder ein Teil des unsterblichen Geistes. Denn weder für sterblich (d. h. der Vergessenheit unterworfen) könnte man je die menschlichen Dinge halten, noch hätten wir gelernt, was sich lehren lässt, wenn nicht das Gedächtnis den [1200] Menschen inwohnte. Ob man es die Mutter der Zeit, oder ihre Tochter nennen soll, darüber wollen wir mit den Dichtern nicht streiten, sondern es sei, was sie wollen. Zudem wer könnte so einfältig sein zum Schaden seines eigenen Ruhmes, wenn er unter die Weisen gezählt wird, dass er durch Anwendung geheimer Künste bei den Jünglingen auch dasjenige verdächtig machte, was auf natürliche Weise gelehrt wurde? Woher kam also seinen Schülern das auffallende Gedächtnis? Die Reden des Dionysius hatten so viel Ergötzliches, dass man sie nicht oft genug hören konnte, und daher wurde er genötigt, sie oft zu wiederholen, weil er sah, dass man Gefallen daran fand, ihm zuzuhören. Die begabteren Jünglinge also prägten sie ihrem Geiste ein und teilten sie andern mit, nachdem sie mehr durch [1201] Studium, als durch das Gedächtnis sie aufgefasst hatten. Daher sagte man, sie besitzen ein gutes Gedächtnis und haben eine Kunst daraus gemacht. Dies gab einigen Veranlassung zu der Behauptung, die Schulreden des Dionysius seien zusammengestoppelt, weil der eine dies, der andre jenes dazu beigetragen habe, wo er sich kurz ausdrückte.

(3.) Großer Ehren wurde er von allen Städten gewürdigt, welche seine Kunst zu bewundern Gelegenheit hatten, der größten aber von dem Kaiser: Hadrianus nämlich machte ihn zum Statthalter über mehrere nicht unansehnliche Völker, nahm ihn unter die Ritter auf und verlieh ihm den Genuss des Museums. Das Museum war nämlich eine Versorgungsanstalt (zu Alexandria) in Ägypten, welche alle ausgezeichneten Männer auf der ganzen Erde vereinigte.

Obgleich er sehr viele Städte bereiste und unter sehr vielen Völkern sich aufhielt, so wurde ihm doch nie ein Vorwurf gemacht, dass er in der Liebe ausgeschweift oder sich auf eine prahlerische Weise betragen habe, weil er sich sehr sittsam und gesetzt zeigte.

Diejenigen, welche dem Dionysius den Araspes, wie er sich in Panthea verliebte[80], zuschreiben, haben kein Ohr für das Rhythmische des Dionysius und für seine ganze Ausdrucksweise, und verstehen nichts von der Kunst der Euthymeme[81]. Dies ist keine Arbeit des Dionysius, sondern des Celer, des Verfassers einer Rhetorik. Dieser Celer taugte zwar zum kaiserlichen Geheimschreiber, aber einer Schulrede war er nicht gewachsen und lebte von Jugend auf mit Dionysius in Feindschaft.

[1202] (4.) Auch Folgendes darf ich nicht übergehen, was ich von Aristäus gehört habe, dem ältesten unter den Griechen meiner Zeit, welcher sehr vieles über die Sophisten wusste. Während Dionysius im Besitze eines ausgezeichneten Ruhmes gerade ein hohes Alter erreichte, gelangte Polemo zu seiner Blüte, war aber dem Dionysius noch nicht bekannt und hielt sich in Sardes auf, um in einem Rechtsstreite vor den Hundertmännern öffentlich aufzutreten, welche die Rechtspflege in Lydien verwalteten. Eines Abends nun kam Dionysius nach Sardes und fragte den Dorion, den Kritiker, der sein Gastfreund war: „Sage mir Dorion, ist Polemo hier?" Dorion antwortete: „Ein sehr reicher Lydier, dessen Vermögen in einem Prozesse auf dem Spiele steht, bringt den Polemo als seinen Rechtsbeistand von Smyrna gegen eine Belohnung von 2 Talenten und morgen wird er vor dem Gerichte sprechen." „Welches unverhoffte Glück", rief Dionysius aus, „kündigst du mir an, dass ich auch den Polemo werde hören können, den ich noch nicht kennen zu lernen Gelegenheit hatte!". „Es scheint dich zu beunruhigen, dass der Jüngling", sagte Dorion, „schon einen so großen Namen hat." „Sogar nicht mehr schlafen lässt es mich", erwiderte Dionysius, „bei Athene, sondern versetzt mein Herz und meinen Geist in lebhafte Bewegung, wenn ich bedenke, wie viele Bewunderer er hat, und den einen sein Mund für einen zwölffachen Born gilt, andre sogar seine Zunge nach Ellen messen, wie das Steigen des Nils! Du aber könntest mich von dieser Sorge heilen, wenn du mir sagtest, welche Vorzüge und welche Mängel du an mir und an ihm gefunden hast!" Dorion antwortete ganz bescheiden: „Du selbst, Dionysius, kannst besser über dich und über ihn urteilen; denn du bist vermöge deiner Weisheit im Stande, dich selbst zu erkennen und einen andern nicht zu verkennen!" Dionysius hörte ihn vor dem Gerichte sprechen und als er den Gerichtssaal verließ, sagte [1203] er: „Der Athlet besitzt Stärke, aber in der Ringschule hat er sie nicht erlangt." Als Polemo dies hörte, kam er vor die Türe des Dionysius und kündigte ihm eine Schulrede an. Dieser fand sich ein, und nachdem Polemo eine ausgezeichnete Rede gehalten hatte, trat er zu Dionysius hin und seine Schulter ihm entgegenstemmend, wie es diejenigen tun, welche den aufrechten Ringkampf beginnen, verspottete er ihn witzig mit den Worten:

> Einst, ja einst waren streitbar die Milesier[82]

(5.) Ausgezeichneter Männer Grabmal ist zwar der ganze Erdkreis[83], des Dionysius Grabmal aber ist in der Ausgezeichnetsten Stadt, in Ephesus. Er ist nämlich begraben auf dem Markte, an dem Hauptplatze von Ephesus, wo er auch sein Leben beschloss, nachdem er in seiner ersten Lebenszeit zu Lesbos Unterricht erteilt hatte.

23. (1.) **Lollianus von Ephesus** war der erste, welchem der Lehrstuhl (der Sophistik) in Athen übertragen wurde; auch ein Staatsamt in Athen wurde ihm übertragen: Er war nämlich Waffenprätor. Dieser hatte ehemals die Auswahl zum Kriegsdienste zu besorgen und das Heer ins Feld zu führen, jetzt aber hat er die Aufsicht über die Lebensmittel und den Getreidemarkt. Als nun ein Auflauf bei den Brotbuden entstand und die Athener ihn (Lollianus) zu steinigen Anstalt machten, trat der Kyniker Pankrates, welcher nachher aus dem Isthmus der Philosophie lebte, unter

die Athener und sagte: „Lollianus ist kein Brothändler, sondern ein Redenhändler!" Dadurch besänftigte er die Athener so, dass sie die Steine fallen ließen, welche sie in den Händen hatten. Als hierauf Schiffe mit Getreide aus Thessa-[1204]lien ankamen, aber kein Geld in der Staatskasse war, ließ sich Lollianus von seinen Schülern milde Beiträge geben und brachte eine große Summe zusammen. Wie man darin einen Mann erkennen wird, der sich leicht zu helfen wusste und sich auf die Staatsangelegenheiten verstand, so im Folgenden einen gerechten und edeldenkenden. Diese Gelder nämlich ersetzte er denen, welche sie zusammenschossen, wieder dadurch, dass er ihnen die Bezahlung für das Zuhören bei seinen Schulreden erließ.

(2.) Dieser Sophist galt für den künstlichsten und einsichtsvollsten in Rücksicht auf geschickte Ausführung der auf der künstlerischen Erfindung beruhenden Beweismittel, für kräftig im Ausdrucke und für tüchtig in der Erfindung und ungekünstelt in der Anordnung der Gedanken; es leuchten aber in seiner Rede auch glänzende Stellen hervor, die schnell wieder verschwinden, wie die Helle des Blitzes. Dies zeigt sich in allen seinen Reden, vorzüglich aber in folgenden. In seiner Anklage gegen Leptines[84] wegen des Gesetzes, als die Zufuhr des Getreides aus dem Pontus nach Athen aufhörte, findet sich folgende Kraftstelle: „Verschlossen ist die Mündung des Pontus durch ein Gesetz und die für Athen bestimmten Lebensmittel werden durch wenige Silben zurückgehalten und das Gleiche bewirkt Lysander durch seinen Kampf mit Schiffen[85] und Leptines durch seinen Kampf mit Gesetzen!" In der Rede, in welcher er den Athenern abrät, als sie wegen Geldmangels über den Verkauf der Inseln beratschlagten, hat er folgende kräftige Worte: „Entziehe, Poseidon, der Insel Telos [1205] deine Gnade[86] und gestatte ihr, wenn sie verkauft wird, zu fliehen!" Er sprach aus dem Stegreife in der Manier des Isäus, dessen Schüler er auch war. Er nahm bedeutende Unterrichtsgelder ein, da er nicht nur seine Schüler Übungen halten ließ, sondern auch eigentliche Lehrvorträge hielt. Standbilder sind von ihm zu Athen eines auf dem Markte und ein andres in dem kleinen Haine, welchen er selbst angelegt haben soll.

24. (1.) Auch den byzantischen Sophisten **Markus** will ich nicht übergehen und ich möchte den Griechen sogar Vorwürfe machen, dass er, obgleich er so groß war, wie ich ihn darstellen werde, den ihm gebührenden Ruhm noch nicht erlangt hat.

Markus führte sein Geschlecht auf den alten Byzas zurück; sein gleichnamiger Vater hielt Sklaven bei einem Tempel, die sich mit dem Fischfange beschäftigten: Der Tempel aber stand am Ausflusse des Pontus (der Meerenge der Dardanellen). Sein Lehrer war Isäus, von welchem er auch den natürlichen Ausdruck annahm, den er mit einer schmuckreicheren Zartheit verschönerte. Das passendste Beispiel von seiner Darstellung ist sein Spartaner, welcher den Lakedämoniern rät, die von Sphakteria ohne

Waffen Zurückgekommenen[87] nicht aufzunehmen. Diese Rede begann er also: „Als ein Lakedämonier, der bis in das Greisenalter seinen Schild behalten hat, hätte ich gerne diese, welche ihre Waffen auslieferten, getötet!" Wie er in Vorträgen war, kann man aus Folgendem abnehmen. Als er seinen Zuhörern zeigte, wie groß und mannigfaltig die Kunst der Sophisten sei, gebrauchte er als Beispiel der Rede den Regenbogen und fing [1206] seinen Vortrag also an: „Wer einen Regenbogen sah, wie wenn es eine einzige Farbe wäre, der sah nichts, dass er sich wundern könnte. Wer aber sah, wie viele Farben es sind, der wird sich schon mehr wundern!" Diejenigen, welche diesen Vortrag dem Stoiker Alkinous beilegen, verkennen seine Darstellungsart und ebenso die Wahrheit, und sie sind die ungerechtesten Menschen, indem sie dem Sophisten sogar sein Eigentum[88] entreißen.

(2.) Der Ausdruck der Augenbrauen und der Ernst im Gesichte verriet schon den Sophisten in Markus; denn immer war er nachdenkend und unterhielt sich mit dem, was zum Reden aus dem Stegreife förderlich war. Und dies zeigte sich nicht nur in der unverwandten Stellung seiner Augen zum Zwecke des stillen Nachdenkens, sondern es wurde auch von ihm selbst eingestanden. Als nämlich einer von seinen Bekannten ihn fragte, wie er gestern gesprochen habe, erwiderte er: „Vor mir selbst zwar löblich, vor meinen Schülern aber weniger gut.", und als dieser sich über die Antwort wunderte, so sagte Markus: „Ich bin auch, wenn ich schweige, nicht untätig, und zwei bis drei Gegenstände beschäftigen mich neben dem einen, welchen ich öffentlich behandle."

Bart und Haare waren bei ihm struppig, und deswegen erschien er in den Augen der meisten für einen verständigen Mann zu unmanierlich. So ging es auch dem Sophisten Polemo mit ihm. Er kam nämlich einmal in die Schule des Polemo, da er schon einen Namen hatte und als die, welche zum Zuhören sich eingefunden hatten, alle sich gesetzt hatten, erkannte ihn einer von ihnen, der einmal nach Byzantium geschifft war, und sagte es seinem Nachbar, [1207] dieser wieder dem seinigen und so verbreitete es sich unter allen, dass er der byzantische Sophist sei. Als daher Polemo verlangte, man solle ihm die Gegenstände, worüber er sprechen solle, vorschlagen, wandten sich alle gegen Markus, dass er es tun möchte. Da sagte Polemo: „Was seht ihr auf den Bauern? Der wird doch keinen Gegenstand aufgeben!" Markus aber erhob seine Stimme, wie er zu tun pflegte, warf den Kopf zurück und sagte: „Ich werde vorschlagen und werde eine Rede halten!" Daran erkannte ihn Polemo und weil er ihn in dorischer Mundart reden hörte, sprach er viel Bewundernswürdiges zu ihm aus dem Stegreife und nachdem er seine Rede gehalten und eine von jenem gehört hatte, wurde er von ihm bewundert und bewunderte wiederum ihn.

(3.) Hieraus kam Markus nach Megara, — dies ist die Mutterstadt von Byzantium, — als gerade die Megareer mit den Athenern entzweit und die Gemüter sehr erbittert waren, wie wenn eben erst das Gesetz gegen sie gegeben worden wäre[89] und sie (die Megareer) dieselben nicht ausnehmen wollten, wenn sie zu den kleinen pythischen Spielen kämen. Markus trat nun mitten unter sie und stimmte sie so um, dass er sie sogar bewog, den Athenern ihre Häuser zu öffnen und sie mit ihren Frauen und Kindern aufzunehmen. Auch der Kaiser Hadrianus schätzte ihn hoch, als er in Angelegenheiten der Byzantier als Gesandter zu ihm kam, ein Mann, der unter allen früheren Kaisern am meisten Sinn dafür hatte, ausgezeichnete Talente aufzumuntern.

25. (1.) Der Sophist **Polemo** war weder von Smyrna, wie die meisten angeben, noch aus Phrygien, wie einige meinen, sondern [1208] Laodikea in Karien am Flusse Lykus war seine Vaterstadt; sie liegt zwar im Binnenlande, ist aber mächtiger, als die Küstenstädte. Die Familie des Polemo zählt viele, die zur Würde von Stadtvögten (Bürgermeistern) daselbst gelangten, bis auf diese Zeit und er selbst wurde von vielen Städten geehrt, am meisten aber von Smyrna. Die Smyrnäer nämlich, welche schon in seiner Jugend etwas Großes in ihm erkannten, wanden alle Kränze ihrer Heimat um das Haupt des Polemo und verliehen ihm und seinem Geschlechte die bei ihnen hochgefeierten Würden: Sie übertrugen ihm und seinen Nachkommen den Vorsitz bei den olympischen Spielen des Hadrianus und die Besteigung des heiligen Dreiruders. Es wird nämlich im Monat Anthesterion ein Dreiruder von der hohen See auf den Markt gebracht, welches der Priester des Dionysus als Steuermann lenkt, wenn es die Anker aus dem Meere gelichtet hat.

(2.) Durch seinen Aufenthalt in Smyrna brachte er der Stadt folgende Vorteile: Erstens, dass sie volkreicher erschien, als sie an sich war, weil die Jugend von dem Festlande (Asiens und Europas) und von den Inseln ihr zuströmte, und zwar keine zügellose und zusammengelaufene, sondern eine auserlesene und rein griechische; dann dass die Bürger in Eintracht und in Ruhe miteinander lebten, denn in früherer Zeit waren sie in Parteien geteilt und die landeinwärts Wohnenden mit den am Meere Wohnenden entzweit. Ein sehr großes Verdienst erwarb er sich um die Stadt auch durch seine Gesandtschaften, indem er öfters zu den Kaisern reiste und ihre Einrichtungen verteidigte. Den Hadrianus z. B., welcher den Ephesiern sehr zugetan war, stimmte er zu Gunsten der Smyrnäer so um, dass er in [1209] einem Tage zehn Millionen Drachmen für die Stadt aufwendete, von welchen die Stapelplätze für das Getreide und ein Gymnasium, das prächtigste unter allen in Asien und ein schon von ferne sichtbarer Tempel erbaut wurde, welcher auf dem Vorgebirge stand und dem (Vorgebirge) Mimas gegenüber gelegen zu haben scheint. Ferner nützte er der Stadt auch dadurch, dass er die in der öffentlichen Verwaltung gemachten Fehler tadelte und sehr viele weise Erinnerungen gab; ebenso suchte er allen Übermut und Stolz zu entfernen und dies um so mehr, je weniger es möglich war, sie auch nur des ionischen Wesens (Üppigkeit, Schwelgerei) zu entwöhnen. Auch durch Folgendes nützte er der Stadt: Ihre gegenseitigen Streitigkeiten ließ er nicht vor ein auswärtiges Gericht kommen, sondern beendigte sie daheim; ich meine nämlich die in Geldangelegenheiten, denn die wegen Ehebruchs, Tempelraubs und Mords, deren Vernachlässigung eine Blutschuld zur Folge hat, riet er nicht nur anderswohin zu bringen, sondern sogar aus Smyrna ganz zu verbannen; denn sie erfordern einen Richter, welcher das Schwert führe. Auch der Vorwurf, welcher ihm von der Menge gemacht wurde, dass ihm auf seinen Reisen viele Lasttiere folgen und viele Pferde, viele Sklaven und viele Gattungen von Hunden zu verschiedenen Arten der Jagd, er selbst aber aus einem phrygischen oder gallischen Wagen mit silbernen Zügeln fahre, brachte der Stadt Ehre. Denn eine Stadt verherrlichen nicht nur ihr Markt und stattliche Bauten, sondern ebenso auch der Wohlstand einer Fa-[1210]milie; denn eine Stadt verleiht nicht nur einem Manne Ruhm, sondern erhält ihn auch von ihm.

Er nahm sich auch Laodikeas an, indem er häufig in seine Heimat kam und in öffentlichen Angelegenheiten ihr nützte, wie er konnte.

(3.) Von den Kaisern erhielt er folgende Vergünstigungen: Der Kaiser Trajan verlieh ihm das Recht, frei von allen Abgaben zu Lande und zu Wasser zu reisen, Hadrianus dehnte es auf alle seine Nachkommen aus und nahm ihn auch in das Museum auf, in die in Ägypten bestehende Versorgungsanstalt und als ihm in Rom eine Schuld von 250.000 Drachmen gefordert wurde, zahlte der Kaiser für ihn das Geld, ohne dass Polemo sagte, er bedürfe es, oder der Kaiser ihm vorher ankündigte, dass er es zahlen wolle. Als die Stadt Smyrna ihn beschuldigte, er habe viel von dem Gelde, das ihnen der Kaiser geschenkt hatte, zu seinem eigenen Vergnügen bei Seite gelegt, so erließ der Kaiser ein Schreiben des Inhalts: „Polemo hat mir über die von mir euch geschenkten Gelder Rechenschaft abgelegt." Wenn nun auch jemand sagen wollte, dies sei Verzeihung (für einen Fehler), so musste er doch gewiss diese Nachsicht wegen der Gelder erhalten nur wegen der Erhabenheit seiner sonstigen Tugend. Als der Kaiser den Tempel des olympischen Zeus in Athen[90], welcher [1211] im Laufe von 560 Jahren vollendet worden war, einweihte, als eine große Zierde seiner Zeit, so hieß er auch den Polemo bei dem Opfer einen feierlichen Vortrag halten. Dieser heftete nach seiner Gewohnheit seine Augen starr auf die seinem Geiste schon vorschwebenden Gedanken und überließ sich dem Strom seiner Rede, und so sprach er von dem Sockel des Tempels lange und zum Erstaunen, indem er im Eingang seiner Rede erklärte, nicht ohne göttlichen Einfluss sei seine Begeisterung entstanden. Auch seinen Sohn Antoninus söhnte der Kaiser mit ihm aus bei der Übergabe des Szepters, als er aus einem Sterblichen ein Gott wurde.[91] Wie diese Sache sich verhält, muss ich erklären. Antoninus war Statthalter über ganz Asien und stieg in Polemos Hause ab, weil es das erste Haus in Smyrna war und dem ersten Manne gehörte. Als nun Polemo nachts von einer Reise zurückkam, schrie er vor seiner Türe, es geschehe ihm großes Unrecht, da man ihn aus seinem

Eigentum ausschließe, und nötigte hieraus den Antoninus, ein andres Haus zu beziehen. Der Kaiser erfuhr es zwar, forschte aber nicht weiter über die Sache nach, um die Wunde nicht aufzureißen, jedoch da er bedachte, was nach seinem Tode geschehen könne, und dass oft auch Menschen von sanftem Charakter durch Zureden und Aufstiften gereizt werden, fürchtete er für Polemo. Daher sprach er sich in seinem Testamente über die (Übertragung der) Herrschaft (auf Antoninus) also aus: „Und der Sophist Polemo hat mir zu diesem Gedanken geraten!" und wirkte ihm dadurch, dass er [1212] den Antoninus ihm, als seinem Wohltäter, zu Dank verpflichtete, zum Überflusse auch noch Verzeihung aus. Antoninus äußerte sich auch scherzhaft gegen Polemo über den Vorfall in Smyrna und zeigte dadurch, dass er denselben nicht vergessen habe, erhob ihn aber durch die bei jeder Gelegenheit ihm erwiesenen Ehren auf eine hohe Stufe und gab ihm damit ein Unterpfand, dass er ihm denselben nicht gedenke. Jene scherzhaften Äußerungen waren Folgende. Als Polemo nach Rom kam, umarmte ihn Antoninus und sagte: „Weiset dem Polemo ein Absteigequartier an und niemand soll ihn daraus vertreiben!", und als ein tragischer Schauspieler bei den olympischen Spielen in Asien, bei welchen Polemo den Vorsitz hatte, sich auf die Entscheidung des Kaisers berief, weil er von ihm (Polemo) im Anfange des Stücks von der Bühne weggejagt worden sei, so fragte der Kaiser den Schauspieler, welche Zeit es gewesen sei, als er von der Bühne weggejagt worden und als dieser sagte, es sei gerade Mittag gewesen, so erwiderte der Kaiser mit einem feinen Scherze: „Mich hat er um Mitternacht aus seinem Hause fortgejagt und ich habe mich nicht auf den Kaiser berufen!"

(4.) Auch dieses mag zeigen, wie mildgesinnt der Kaiser und wie übermütig Polemo war. Ja er war so übermütig, dass er einen Ton gegen Städte führte, als wäre er über sie erhaben, gegen Fürsten, als stände er ihnen nicht nach, gegen Götter, als wäre er ihresgleichen. Als er bei seinem ersten Aufenthalte in Athen eine Probe seiner Reden aus dem Stegreife ablegte, ließ er sich nicht auf eine Lobrede der Stadt ein, obgleich zu Gunsten Athens sich so Vieles sagen lässt, noch sprach er viel von seinem Ruhme, obgleich auch dieses Motiv [1213] den Sophisten in ihren Schaureden von Nutzen ist, sondern weil er wusste, dass man die Athener ihrem Charakter zufolge eher heruntersetzen, als erheben müsse, sprach er also: „Man sagt von euch, Athener, dass ihr verständige Zuhörer bei Reden seid; ich will es bald erfahren!" Als der Beherrscher von Bosporus[92] (jetzt Krimm), der aber eine durchaus griechische Bildung besaß, um Ionien kennen zu lernen, nach Smyrna kam, war Polemo nicht nur nicht unter denen, welche ihm aufwarteten, sondern als er ihn sogar öfters bat, ihn zu besuchen, schob er es so lange auf, bis er den König zwang, in sein Haus zu kommen mit einem Geschenke von 10 Talenten. Er reiste nach Pergamum, als er an einer Gliederkrankheit litt, und schlief in dem Tempel des Asklepios[93]. Als ihm nun der Gott erschien und befahl, sich der kalten

Getränke zu enthalten, so sagte Polemo: „Wenn du aber einen Ochsen zu heilen hättest, mein Bester, wie dann?"

(5.) Diesen Hochmut und Stolz hatte er allein von dem Philosophen Timokrates angenommen, dessen Schüler er 4 Jahre lang war, als derselbe nach Ionien kam. Daher scheint es passend, auch den Timokrates zu schildern. Dieser Mann war aus Pontus und seine Vaterstadt Heraklea, wo griechische Bildung allgemein Eingang fand. Anfangs studierte er die zur Heilkunde gehörigen Wissenschaften und hatte sich mit den Lehren des Hippokrates und Demokrit genau bekannt gemacht; als er aber den Euphrates von Tyrus hörte, steu-[1214]erte er mit vollen Segeln in dessen Philosophie. Er war so über die Maßen zum Zorne geneigt, dass ihm, wenn er sprach, der Bart und die Haupthaare sich sträubten, wie bei den Löwen, wenn sie in Wut geraten; sein Vortrag aber war fließend, kräftig und gewandt. Deswegen wurde er auch von Polemo sehr hoch geschätzt; denn dieser liebte eine solche kraftvolle Sprache.

Als nun ein Streit entstand zwischen Timokrates und Skopelianus, weil dieser Pech und Paratiltrien[94] gebrauchte, so teilte sich die damals in Smyrna sich aufhaltende Jugend in zwei Parteien,

(6.) und Polemo, welcher beider Schüler war, gesellte sich zur Partei des Timokrates, den er den Vater seiner Beredsamkeit nannte. Auch als er sich bei ihm verteidigte über seine Reden gegen Favorinus[95], tat er es mit ängstlicher Behutsamkeit und Unterwürfigkeit, wie Kinder, die von ihren Lehrern Schläge befürchten, wenn sie unartig waren. Diese Unterwürfigkeit bewies er auch einige Zeit nachher gegen Skopelianus, als er zum Gesandten in den Angelegenheiten der Smyrnäer erwählt wurde und sich gleichsam als achilleische Waffen dessen Überredungskunst wünschte[96].

Gegen Herodes von Athen betrug er sich einmal demütig und einmal übermütig. Wie sich dies verhielt, will ich auch angeben; denn es ist ehrenvoll und merkwürdig. Herodes schätzte nämlich die Kunst aus dem Stegreife zu reden höher, als den Ruhm, Konsul zu sein und von Konsuln abzustammen. Er kam nun, als er den Polemo [1215] noch nicht kannte, nach Smyrna, um ihn kennen zu lernen, zu der Zeit, als er (Herodes) die Angelegenheiten der freien Städte (in Asien) leitete. Er umarmte und küsste ihn voll Zärtlichkeit, sobald er aber sich von seinen Lippen losgerissen hatte, sagte er: „Wann werden wir dich hören, Vater?" und glaubte, Polemo werde zögern, sich hören zu lassen und sagen, er scheue sich, vor einem solchen Manne eine Probe seiner Kunst abzulegen. Dieser aber erwiderte ohne Ausflüchte zu suchen: „Heute noch sollst du mich hören. Lass uns gehen!" Als Herodes dieses hörte, erstaunte er, wie er selbst sagte, über den Mann, weil er weder zum Vortrage noch zur Erfindung einer Vorbereitung bedurfte. Dies also beweist den Stolz des Polemo, aber wahrhaftig auch seine Klugheit, deren er sich bediente, um Staunen zu erregen; Folgendes aber seine Bescheidenheit und Artigkeit: Als nämlich Herodes kam, empfing er ihn mit einer langen und seiner Reden und Taten würdigen Lobrede.

(7.) Seine Darstellung, deren er sich in Schulreden bediente, kann man auch von Herodes erfahren, aus dem, was er in einem seiner Briefe an Barbarus sagt, und ich will es aus diesem anführen. Bei seinen Schaureden trat er mit einem Gesichte voll Heiterkeit und Selbstvertrauen auf; er ließ sich aber hintragen, da er schon an den Gliedern litt. Über die Gegenstände, die ihm vorgeschlagen wurden, dachte er nicht vor den Zuhörern nach, sondern ging auf kurze Zeit aus der Versammlung weg. Seine Stimme war hell und hoch und ein bewundernswürdiger Wohllaut ertönte von seinen Lippen: Herodes sagt, er springe sogar von seinem Sitze auf bei Gegenständen, die [1216] Affekt erfordern; so viel Feuer habe er noch und wenn er eine wohlgedrechselte Periode vortrage, bringe er den Schlusssatz mit Lächeln vor, zum deutlichen Beweise, dass das Sprechen ihn gar keine Mühe koste und tummle sich auf dem weiten Felde der Gegenstände herum, wie das homerische Pferd[97]. Seine erste Rede habe er angehört, wie die Richter, seine zweite, wie die Liebhaber und seine dritte, wie die Bewunderer; denn er sei drei Tage sein Zuhörer gewesen. Auch die Gegenstände benennt Herodes, bei welchen er zugegen war: Der erste war, wie Demosthenes durch einen Eid sich von der Beschuldigung reinigt, dass er 50 Talente (von dem Perserkönige) zum Geschenke erhalten habe, welche Demades gegen ihn vorbrachte, weil Alexander aus den Rechnungen des Darius davon schriftliche Anzeige gemacht hätte; die zweite behandelte die Vernichtung der griechischen Siegeszeichen, als der peloponnesische Krieg durch einen Frieden beendigt war; die dritte die Zurückführung der Athener in die Landgemeinden nach der Schlacht am Ziegenflusse. Dafür, fährt Herodes fort, habe er ihm 150.000 Drachmen geschickt und sagen lassen, es sei dies ein Geschenk dafür, dass er habe zuhören dürfen. Als Polemo sie nicht angenommen, habe er geglaubt, es geschehe aus Geringschätzung; Munatius aber, der Kritiker, aus Trolles (in Karien) habe beim Trinkgelage zu ihm gesagt: „Es scheint mir, Herodes, Polemo habe von 250.000 Drachmen geträumt und glaube deswegen nicht gehörig belohnt zu sein, weil du ihm nicht so viel schicktest." Er habe also, [1217] sagt Herodes, noch 100.000 hinzugetan und Polemo habe es gerne angenommen, wie wenn er eine Schuld zurück erhielte. Auch das tat Herodes dem Polemo zu Gefallen, dass er nicht nach ihm auftrat, um eine Probe seiner Kunst zu geben, noch sich in einen Wettstreit mit ihm einließ, sondern bei Nacht Smyrna verließ, um nicht dazu gezwungen zu werden; denn er hielt es für verwegen, auch sich dazu zwingen zu lassen. Auch in späterer Zeit lobte er immer den Polemo und erklärte ihn für den bewundernswürdigsten Redner. Als er z. B. in Athen seine Rede über die Siegeszeichen ausgezeichnet vortrug und wegen des Schwungs seiner Rede bewundert wurde, sagte er: „Leset Polemos Schulrede und ihr werdet einen Mann kennenlernen!" Als in Olympia die Griechen ihm zuriefen: „Du bist

ein zweiter Demosthenes!", sagte er: „Jetzt vielmehr ein zweiter Phrygier!"
Unter diesem Namen verstand er den Polemo; denn damals wurde Laodikea
zu Phrygien gerechnet. Ferner als der Kaiser Markus ihn fragte: „Was dünkt
dich von Polemo?" sah Herodes starr vor sich hin und antwortete: „Rasch
antrabender Rosse Gestampf umtönt mir die Ohren."[98], wodurch er das
Gewaltige und Hochtönende seiner Rede bezeichnete. Auch als der Konsul
Barbarus ihn fragte, welche Lehrer er gehabt habe, erwiderte er: „Den und
Den, so lange ich Unterricht erhielt, den Polemo aber, als ich schon
Unterricht erteilte!"

(8.) Polemo erzählt, er habe auch den Dion gehört und deswegen
eine Reise zu den Bithyniern unternommen.

Polemo pflegte zu sagen, die Werke der Prosaiker müsse man auf
den Schultern, die der Dichter aber auf Lastwagen fortbringen[99].

[1218] Auch Folgendes gehört zu dem, was dem Polemo Ehre macht.
Smyrna hatte einen Streit wegen der Tempel und der Rechtsansprüche
darauf und hatte zu seinem Verteidiger den Polemo gewählt, als er schon am
Ziele seines Lebens stand. Als er nun während der Anstalten zur Reise
wegen dieser Rechtsansprüche starb, übertrug zwar die Stadt andern
Verteidigern ihre Angelegenheit, da aber diese in dem kaiserlichen
Gerichtshofe eine schlechte Rede hielten, so blickte der Kaiser auf die
Wortführer der Smyrnäer und sagte: „War nicht Polemo von euch zum
Verteidiger in diesem Streite bezeichnet?" Sie antworteten: „Ja, wenn du den
Sophisten meinst." Der Kaiser erwiderte: „Vielleicht hat er also eine Rede
über die Rechtsansprüche niedergeschrieben, da er vor mir und über einen
so wichtigen Gegenstand sprechen sollte." „Vielleicht.", entgegneten sie,
„Jedoch wissen wir es nicht." Der Kaiser verschob also die weitere
Verhandlung, bis die Rede gebracht würde, und als sie in dem Gerichtshofe
vorgelesen war, entschied der Kaiser nach derselben, und die Smyrnäer
gingen heim, nachdem sie so den Streit gewonnen hatten, und sagten,
Polemo sei ihnen wieder aufgelebt.

(9.) Da aber von berühmten Männern nicht nur ihre ernsthaften
Reden merkwürdig sind, sondern auch ihre scherzhaften, so will ich auch
die Witzworte des Polemo aufzeichnen, damit auch diese nicht übergangen
seien.

Ein ionischer Jüngling lebte zu Smyrna in einer die ionische
Gewohnheit weit übersteigenden Üppigkeit und sein großer Reichtum
richtete ihn zugrunde, der ja ein schlechter Lehrmeister ist für ausgelassene
Menschen. Sein Name war Varus. Da ihn die Schmeichler ganz verdorben
hatten, so hatte er sich selbst beredet, er sei der Schönste unter den
Schönen, größer als die stattlichsten Männer, unter denen, welche die
Ringschule besuchten, der wackerste und geschick-[1219]teste und selbst die
Musen würden kein schöneres Lied anstimmen, als er, wenn er sich zum

Singen anschickte. Ebenso dachte er auch von den Sophisten, er lasse sie im Reden hinter sich zurück, so oft er Schulreden halte; denn auch damit gab er sich ab, und seine Schuldner rechneten es zu dem Zinse ein, wenn sie eine Schulrede von ihm hörten. Auch Polemo musste sich diesem Tribut unterwerfen, als er noch jung und noch nicht kränklich war; denn er hatte von ihm Geld entlehnt, und da er ihm nicht schmeichelte und seine Vorträge nicht besuchte, so wurde der Jüngling unwillig über ihn und drohte ihm mit Typen. Dies ist eine gerichtliche Schrift, welche dem säumigen Schuldner eine Klage wegen Versäumung des Termins ankündigt. Seine Bekannten warfen nun dem Polemo vor, er sei ungefällig und eigensinnig, dass er, obgleich es ihm möglich sei, die Forderung abzuwenden und von dem Jünglinge Nutzen zu ziehen, indem er ihm ein beifälliges Zutrinken zeige, doch dieses nicht tue, sondern ihn reize und erbittere. Auf dieses Zureden ging Polemo zwar hin, um ihn zu hören, als aber die Schulrede bis zum späten Abend fortdauerte, und kein Ende abzusehen war und die ganze Rede von Solözismen (Sprachfehlern), Barbarismen und Widersprüchen wimmelte, so sprang Polemo auf, streckte die Hände aus und sagte: „Bring die Typen, Varus!"

Einen Räuber, welcher vieler Verbrechen überwiesen war, ließ ein Prokonsul foltern und sagte, er wisse nicht welche Strafe an ihm vollzogen werden könnte, die seiner Taten würdig wäre. Polemo kam dazu und sagte: „Lass ihn altväterliches (oder auch: albernes) Zeug auswendig lernen!"; denn obgleich dieser Sophist sehr vieles auswendig gelernt hatte, so hielt er doch das Auswendiglernen für die mühevollste Übung.

[1220] Als er einen Gladiator sah, der von Schweiß troff und sich vor dem Kampfe auf Leben und Tod fürchtete, sagte er zu ihm: „Du bist in Angst, als wolltest du einen Kunstvortrag halten!"

Einmal stieß er auf einen Sophisten, welcher Würste und eingesalzene Meerfische und dergleichen wohlfeiles Zugemüse einkaufte. Zu diesem sprach er: „Es ist nicht möglich, mein Bester, den Stolz eines Darius und Xerxes gut darzustellen, wenn man so speist!"

Als der Philosoph Timokrates zu ihm sagte, Favorinus sei ein geschwätziges Wesen, so sagte Polemo sehr witzig: „Und vollständig ein altes Weib!", indem er darauf anspielte, dass Favorinus ein Zwitter war. (Vgl. oben 1, 8. S. 1164)

Als ein tragischer Schauspieler bei den olympischen Spielen zu Smyrna bei den Worten „O Zeus!" auf den Boden zeigte und bei den Worten „O Erde!" die Hand gen Himmel hob, so trieb ihn Polemo, welcher bei diesen Spielen den Vorsitz hatte, von der Bühne und sagte: „Er hat einen Solözismus mit der Hand begangen." (Vgl. S. 1212).

Mehr braucht es jedoch darüber nicht; schon das bisherige reicht hin, seine Anmut zu zeigen.

(10.) Seine Darstellung ist feurig und kräftig und volltönend, wie die olympische Trompete; sie zeichnet sich auch durch das demosthenische in den Gedanken aus, und durch die Erhabenheit des Ausdrucks, nicht eine matte, sondern eine glänzende und begeisterte, wie sie vom Dreifuße ertönt. Man verkennt ihn, wenn man behauptet, er habe zwar die Anklagen am besten unter allen Sophisten behandelt, die Verteidigungen aber weniger gut. Die Unwahrheit dieser Behauptung beweisen verschiedene Gegenstände, bei welchen er sich auf Verteidigung einlässt, vorzüglich aber sein Demosthenes, wie er sich durch einen Eid von der Beschuldigung wegen der 50 Ta-[1221]lente reinigt (oben [7.] S. 1216); denn obgleich er eine so schwierige Verteidigung unternahm, so wusste er ihr doch durch seine schmuckreiche und künstliche Rede zu genügen. Dieselbe Misskennung des Polemo finde ich in der Meinung, dass er es in den Gegenständen, welche einen feinen Anstrich erfordern, der den Sinn nur durchschimmern lässt, verfehlt habe, indem er, wie ein Pferd auf einem ungünstigen Boden im Laufe gehindert sei, und seinen Widerwillen dagegen mit dem aus Homer geborgten Gedanken[100] ausgesprochen habe:

> Denn der ist mir verhasst, wie des Hades dunkele Pforten,
> Welcher ein Anderes denkt im Gemüt und ein Anderes ausspricht.

Dies sagte er vielleicht mit Anspielung und Hinweisung auf das Widerliche solcher Gegenstände: Aber er verstand auch sie vortrefflich darzustellen, wie sein verborgener Ehebrecher beweist; sein Xenophon, wie er nach Sokrates Tode sterben will; sein Solon, wie er verlangt, man solle die Gesetze abschaffen, nachdem Pisistratus die Leibwache erhalten hatte; sein Demosthenes, wie er nach der Schlacht bei Chäronea sich selbst stellt; und wie er scheinbar darauf anträgt, man solle ihn mit dem Tode bestrafen wegen der Geschichte mit Harpalus[101]; und wie er rät, auf den Kriegsschiffen zu fliehen, als Philippus sich näherte, und Aeschines den Gesetzesvorschlag durchbrachte, dass der sterben solle, welcher des Kriegs erwähne. Denn in diesen Reden hat er am meisten unter allen, welche er mit jenem feinen Anstriche behandelte, der Rede Zügel angelegt und das Zwei-[1222]deutige in den Gedanken beibehalten (d. h. den Ausdruck gemäßigt und verblümt gesprochen, jedoch so, dass der wahre Sinn leicht zu erkennen war).

(11.) Den Ärzten fiel er oft in die Hände, da er an Steinschmerzen in den Gliedern litt[102], und pflegte sie aufzufordern, sie sollen graben und schneiden in den Steinbrüchen des Polemo. Als er dem Herodes über diese Krankheit schrieb, drückte er sich so aus: „Soll ich essen, so habe ich keine Hände, soll ich gehen, so habe ich keine Füße, soll ich aber Schmerzen leiden, dann habe ich Hände und Füße."

Er starb in seinem 56sten Lebensjahre, in einem Alter, das zwar in den andern Wissenschaften und Künsten der Anfang des Greisenalters, für einen Sophisten aber noch ein jugendliches ist; denn diese Kunst erlangt mit dem Alter Geschicklichkeit. Ein Grab hat er in Smyrna nicht, wenngleich mehrere angegeben werden; denn einige sagen, er sei in dem Garten des Tempels der Tugend begraben, andre, nicht weit davon am Meere; aber ein kleiner Tempel ist dort und ein Standbild des Polemo in demselben, welches ihn darstellt, wie er aus dem heiligen Dreiruder das Dionysusfest eröffnet (Vgl. S. 1208), und unter welchem er liegen soll: Noch andre sagen, er liege in dem Hofe vor seinem Hause unter den ehernen Bildsäulen. Aber keine von diesen Angaben ist richtig; denn wenn er in Smyrna gestorben wäre, so wäre er nicht für zu gering gehalten worden, in jedem der bei den Smyrnäern gefeierten Tempel begraben zu werden: Sondern Folgendes ist der Wahrheit gemäß. Er liegt in Laodikea bei dem syrischen [1223] Tore, wo auch die Gräber seiner Voreltern sind und wurde lebendig begraben; denn so verlangte er es von seinen Kindern. Als er schon in dem Grabe lag, rief er denen, welche dasselbe verschlossen, zu: „Geschwind, geschwind; denn die Sonne darf mich nicht schweigen sehen!"; und seinen Angehörigen, die ihn bejammerten, rief er zu: „Gebt mir einen Körper, so will ich Reden halten!"

Mit Polemo endigte auch Polemos Herrlichkeit; denn seine Nachkommen haben zwar das Geschlecht mit ihm gemein, können aber mit seiner Trefflichkeit nicht verglichen werden, außer einem Manne, über welchen ich bald nachher sprechen werde.[103]

26. Auch den **Sekundus von Athen** will ich nicht übergehen, welchen einige den hölzernen Nagel nannten, weil er eines Zimmermanns Sohn war.

Der Sophist Sekundus also ist zwar in der Erfindung reich, im Ausdrucke aber einfach. Obgleich er den Herodes unterrichtet hatte, geriet er doch mit ihm in einen Zwist, als derselbe schon Unterricht erteilte. Daher verspottete ihn Herodes mit den Worten:

„Wie ein Töpfer den Töpfer, so ein Zimmermann neidet den Redner!"[104]

Jedoch als er gestorben war, hielt Herodes eine Rede auf ihn und vergoss Tränen um ihn, obgleich er in hohem Alter starb.

Merkwürdig ist von diesem Manne unter mehreren andern besonders folgender angenommene Fall: Wer einen Aufruhr anfängt, soll sterben, und wer ihn beendigt, soll ein Geschenk erhalten; nun hat ein und derselbe einen Aufruhr angefangen und beendigt, und [1224] fordert das Geschenk. Diesen Fall hat er in Kürze also ausgeführt:

„Was ist das frühere? Die Erregung des Aufruhrs. Was das zweite? Die Beendigung. Leide also die Strafe für das Unrecht, das du tatest und dann nimm, wenn du kannst, das Geschenk für das Gute, das du vollbracht hast!" Dies war die Weise dieses Mannes. Er ist begraben bei Eleusis rechts an dem Wege nach Megara.

Zweites Buch.

I. (1.) Von dem Sophisten **Herodes Attikus** ist folgendes wissenswert: Der Sophist Herodes stammte väterlicherseits von Männern, die zweimal Konsuln gewesen waren und leitete sein Geschlecht auf die Familie der Äakiden zurück, welche einst Griechenland gegen die Perser zu Mitstreitern nahm[105]; aber auch den Miltiades und Kimon (aus dem Geschlechte der Äakiden) verschmähte er (Griechenland)[106] nicht, jene zwei trefflichen Männer, welche sich um die Athener und die übrigen Griechen in den Perserkriegen so verdient machten; denn jener errichtete das erste Siegeszeichen gegen die Perser, dieser strafte die Barbaren für das, was sie nachher frevelten.

Herodes machte von seinem Reichtume den edelsten Gebrauch unter allen Menschen. Dies dürfen wir aber nicht als eine leichte, [1230] sondern als eine sehr schwierige und schwer zu lösende Ausgabe betrachten; denn die Menschen, welche von ihrem Reichtum berauscht sind, überschütten andre mit Übermut. Dazu bringen sie den Plutus (Gott des Reichtums) in den schlimmen Ruf, dass er auch blind sei, der doch, wenn er auch sonst für blind galt, bei Herodes wenigstens wieder sehend wurde[107]. Denn er sah auf Freunde, sah auf Städte, sah auf Völker, da Herodes auf alle Rücksicht nahm und sich Schätze sammelte in den Herzen derjenigen, die seinen Reichtum mitgenossen. Er pflegte nämlich zu sagen, wer seinen Reichtum recht gebrauche, müsse die Dürftigen unterstützen, damit sie nicht darben und diejenigen, welche nicht dürftig seien, damit sie nicht darben werden, und nannte den Reichtum, der nicht zu Andrer Nutzen verwendet und aus Sparsamkeit zusammengehalten werde, einen toten Reichtum und die Schatzkammern, in welchen einige ihr Geld aufhäufen, Gefängnisse des Reichtums, und diejenigen, welche dem aufgehäuften Gelde sogar opfern, hieß er Aloaden, welche dem Ares opfern, nachdem sie ihn gefesselt[108].

(2.) Der Quellen seines Reichtums waren es mehrere und aus mehreren Familien, die stärksten jedoch waren die von seinem Vater und seiner Mutter. Sein Großvater Hipparchus wurde zwar mit Einziehung seines Vermögens bestraft wegen eines Majestätsverbrechens, welches von den Athenern nicht angezeigt wurde, aber dem Kaiser doch nicht unbekannt blieb: Dessen Sohn Attikus aber, [1231] des Herodes Vater, ließ das Glück nicht unbeachtet, als er aus einem reichen Manne ein armer geworden war, sondern zeigte ihm einen außerordentlich großen Schatz in einem der Häuser, die er bei dem Schauspielhause besaß. Wegen der Größe desselben mehr ängstlich, als erfreut, schrieb er an den Kaiser einen Brief, der so lautete: „Kaiser, ich habe in meinem Hause einen Schatz gefunden. Was befiehlst du nun seinetwegen?" Der Kaiser — damals regierte Nerva — antwortete: „Gebrauche, was du gefunden hast." Als aber Attikus bei seiner Ängstlichkeit blieb und schrieb, der Schatz sei für ihn zu groß, so erwiderte der Kaiser: „Gebrauche auch deinen Fund übermäßig; denn er ist dein." Dadurch wurde Attikus groß, noch größer aber Herodes; denn neben dem väterlichen Reichtum floss ihm auch der mütterliche zu, der nicht viel geringer war, als jener.

(3.) Auch dieser Attikus bewies eine ausgezeichnet edle Gesinnung (im Gebrauche des Reichtums, wie Herodes § 1). Herodes war nämlich über die freien Städte in Asien gesetzt und da er sah, dass (Alexandria) Troas (in Mysien, jetzt heißen ihre Ruinen Eski Stambul) schlechte Badeanstalten hatte, schlammigstes Wasser aus seinen Brunnen bekam und Behälter für das Regenwasser grub, so schrieb er an den Kaiser Hadrianus, er möchte eine alte und günstig am Meere gelegene Stadt nicht durch Wassermangel zugrunde gehen lassen, sondern ihr drei Millionen Drachmen zu einer Wasserleitung geben, eine Summe, deren Doppeltes und Dreifaches er sogar schon Dörfern geschenkt hätte. Der Kaiser lobte seinen Antrag, da er seinem Charakter entsprach, und übertrug dem Herodes selbst die [1232] Ausführung der Wasserleitung. Da aber die Kosten auf 7 Millionen stiegen und die Statthalter in Asien dem Kaiser schrieben, es sei Unrecht, die Steuern von 500 Städten auf einen Brunnen für eine einzige Stadt zur Herbeischaffung von Quellwasser zu verwenden, so äußerte sich der Kaiser tadelnd darüber gegen Attikus. Dieser aber erwiderte mit der edelsten Gesinnung von der Welt: „Mein Kaiser, ärgere dich nicht über eine solche Kleinigkeit. Was über 3 Millionen ausgegeben worden ist, schenke ich meinem Sohne, und dieser schenkt es der Stadt." Auch sein Testament, in welchem er dem athenischen Volke jedes Jahr 1 Mine auf den Mann aussetzte, beweist seine edle Gesinnung, die er auch sonst zeigte, indem er der Göttin (Athene) öfters 100 Ochsen an einem Tage opferte, und das athenische Volk bei dem Opfer nach Stämmen und Geschlechtern bewirtete, und jedes Mal, wenn die Dionysien einfielen und das Bild des Dionysus in die Akademie gebracht wurde[109], Einheimischen und Fremden im Keramikus zu trinken gab, während sie auf Polstern, die mit Efeu gefüllt waren, herumsaßen.

(4.) Da ich das Testament des Attikus erwähnt habe, so muss ich auch die Ursachen angeben, um deren willen Herodes bei den Athenern sich verfeindete. Das Testament enthielt nämlich die angeführte Bestimmung und war auf den Rat seiner Freigelassenen so von ihm abgefasst, welche die harte Gesinnung des Herodes gegen Freigelassene und Sklaven kannten und sich daher eine Zuflucht bei dem athenischen Volke bereiteten, weil sie ihm ja dieses Geschenk ausgewirkt hatten. Wie das Verhältnis der Freigelassenen zu Herodes war, mag die Anklage beweisen, welche er gegen sie angestellt [1233] hat, indem er alle Heftigkeit seiner Beredsamkeit anwendete. Als nun das Testament vorgelesen wurde, fanden sich die Athener mit Herodes ab, er solle durch einmalige Bezahlung von 5 Minen auf den Mann die Verpflichtung der immerwährenden Abgabe abkaufen. Allein da sie zu den Banken (der Wechsler) kamen, um sich die Summe, über welche sie einig geworden waren, auszahlen zu lassen und ihnen Verschreibungen von ihren Vätern und Großvätern vorgelesen wurden, welche den Eltern des Herodes schuldig waren und sie sich einer Abrechnung unterweisen mussten, so erhielten einige nur wenig ausbezahlt. Andre gar nichts, noch andre waren mehr schuldig, sodass sie sogar noch heraufzahlen sollten. Dies brachte die Athener auf, weil sie behaupteten, sie seien um das Geschenk gebracht worden und daher hassten sie ihn beständig, auch als er ihnen die größten Wohltaten zu erweisen meinte. Sie sagten daher, die (von Herodes erbaute) Rennbahn sei die panathenäische genannt worden, weil sie von dem Gelde ausgeführt sei, um welches alle Athener von ihm gebracht worden seien.

(5.) Ja, er bestritt sogar den Aufwand als Archon eponymos und der Panhellenien[110] aus seinem Vermögen und als er mit dem Kranze belohnt wurde, auch der Panathenäen und sagte: „Euch, Athener und die Griechen, welche kommen werden und die Wettkämpfer, welche um den Preis streiten wollen, werde ich (das nächste Mal) in einer Rennbahn aus weißem Marmor empfangen!"

Diesen Worten zufolge vollendete er innerhalb 4 Jahren die [1234] Rennbahn jenseits des Ilissus und brachte damit ein Werk zu Stande, das über alle andere bewunderte Werke geht[111]; denn kein Schauspielhaus hält die Vergleichung mit ihr aus. Auch folgendes hörte ich von diesen Panathenäen: Es sei das kunstreich gestickte Obergewand der Athene[112] an dem (heiligen) Schiffe aufgehängt worden, das über alle Beschreibung schön war[113], mit einem von günstigem Winde gewölbten Bauche und das Schiff habe sich bewegt, nicht von Zugtieren gezogen, sondern auf unterirdischen

Maschinen dahingleitend. Aus dem Keramikus sei es mit 1000 Rudern ausgelaufen, gegen das Eleusinium gefahren, dann um dieses herum und an dem Pelasgium vorbei gesegelt und zu dem Pythium hingekommen, wo es jetzt vor Anker liegt. Auf der einen Seite der Rennbahn steht ein Tempel der Tyche (Schicksalsgöttin) und ihr Bild aus Elfenbein, weil sie alles lenke (also auch die Kampfspiele).

Er änderte auch die Tracht der athenischen Jünglinge in die jetzt gebräuchliche um, indem er sie zuerst in weiße Kriegsmäntel kleidete. Bis dahin nämlich trugen sie schwarze, wenn sie in den Volksversammlungen saßen und die feierlichen Aufzüge begleiteten, weil der athenische Staat den Herold Kopreas betrauerte, welcher von den Athenern getötet wurde, als er die Herakliden von dem Altare (der Mitleidsgöttin) wegzureißen versuchte.

Auch das Schauspielhaus zu Ehren der Regilla (seiner Gemahlin)[114] führte Herodes für die Athener auf und ließ die Decke aus Zedernholz verfertigen; die Bildnerei an dem Holze ist vor-[1235]züglich. Diese 2 also (erbaute er) in Athen, dergleichen es nirgends sonst im römischen Reiche gibt; aber auch das bedeckte Schauspielhaus, welches er in Korinth erbaute, muss erwähnt werden, das zwar weit geringer ist, als das in Athen, aber doch unter die wenigen gehört, die anderswo bewundert werden; und die Standbilder auf dem Isthmus, die kolossale Bildsäule des isthmischen Poseidon und der Amphitrite und die andern, mit welchen er den Tempel erfüllte, wobei er selbst den Delphin des Melikertes nicht überging[115]. Dem pythischen Apollo erbaute er die Rennbahn in Pytho (Delphi)[116], dem Zeus die Wasserleitung in Olympia[117], den Thessaliern und den Griechen am melischen Meerbusen (jetzt Golf von Zeituny) die für Kranke heilsamen Badeanstalten bei Thermopylä. Auch Orikum in Epirus[118], das bereits heruntergekommen war, machte er bewohnbar und Canusium (jetzt Canosa) in Italien, indem er dasselbe mit gutem Wasser versorgte, dessen es sehr bedurfte; auch um die Städte in Euböa (jetzt Negroponte), im Peloponnes und in Böotien, machte er sich bald durch dieses, bald durch jenes verdient.

(6.) Obgleich er durch so große Werke sich auszeichnete, so glaubte er doch nichts Großes ausgeführt zu haben, weil er den Isthmus nicht durchgraben könnte; denn dies hielt er für etwas Herrliches, ein Festland loszureißen und zwei Meere zu verbinden und den weiten Seeweg (um den Peloponnes) in eine Fahrt von 26 Stadien (5/6 geogr. Meilen) abzukürzen. Dazu hatte er zwar [1236] große Lust, aber er wagte nicht, den Kaiser darum zu bitten, um nicht eine üble Nachrede sich zuzuziehen, wenn er einen Plan zu unternehmen scheine, den selbst Nero nicht aufzuführen vermochte[119]. Er sprach sich darüber auf folgende Weise aus. Wie ich nämlich von Ktesidemus aus Athen hörte, fuhr Herodes einmal nach Korinth und Ktesidemus saß neben ihm. Als er nun an den Isthmus kam, sagte er: „Poseidon (Neptun), ich möchte zwar, aber niemand wird es gestatten!" Ktesidemus wunderte sich über diese Rede und fragte nach der Ursache derselben. Darauf antwortete Herodes: „Schon lange Zeit gebe ich mir Mühe, der Nachwelt ein Denkmal von einem Unternehmen zu hinterlassen, das einen Mann verrät, und noch scheine ich mir diesen Ruhm nicht erlangt zu haben!" Ktesidemus führte an, welches Lob seine Reden und Werke ihm bringen, die ja kein andrer überbieten könne. Herodes erwiderte: „Die Werke, von welchen du sprichst, sind vergänglich; denn die Zeit kann sie vernichten, und meine Reden greifen andre an, der eine tadelt dies, der andre jenes. Die Durchstechung des Isthmus aber ist ein unsterbliches und für die menschliche Natur beinahe unglaubliches Werk; denn mir scheint die Trennung des Isthmus eher einen Poseidon zu erfordern, als einen Menschen!"

(7.) Derjenige, welchen man gewöhnlich den Herkules des Herodes nannte war ein Jüngling in der ersten Jugendblüte, einem großen Kelten (Gallier) gleich und maß gegen 8 Fuß. Herodes beschreibt ihn in einem seiner Briefe an Julianus: Er habe verhält-[1237]nismäßig langes Haar, so starke Augenbrauen, dass sie zusammenlaufen, wie wenn sie nur eines wären, aus seinen Augen strahle ein heitrer Blick, der ihm einen Ausdruck von Feuer verleihe, er habe eine gebogene Nase und einen fetten Nacken, (Dies komme mehr von seinen Anstrengungen, als seiner Nahrung her) eine wohlgebaute und mit den Jünglingsjahren erstarkte Brust, ein wenig auswärts gekrümmte Beine, die seinem Schritte Sicherheit und Festigkeit verleihen, er hänge sich Wolfsfelle um, die zu einem Kleide zusammengenäht seien, er bestehe Kämpfe mit wilden Schweinen, Luchsen, Wölfen und wilden Stieren und habe Narben von solchen Kämpfen aufzuweisen. Dieser Herkules war nach einigen ein Erdensohn aus Delium in Böotien, Herodes aber erzählt, er habe ihn sagen hören, seine Mutter sei eine Hirtin gewesen, und so stark, dass sie Rinder hüten konnte, sein Vater aber Marathon, dessen Standbild in Marathon sich befindet; er ist ein Heros der Landleute[120]. Herodes fragte diesen Herkules, ob er auch unsterblich sei, worauf er antwortete, er lebe länger, als ein Sterblicher. Er fragte ihn auch, was er esse und jener sprach: „Die meiste Zeit genieße ich Milch; Ziegen und Schafe nähren mich, und Kühe und Stuten, die geworfen haben, auch die Eselin liefert mir eine angenehme und leichte Milch, komme ich aber hinter Mehlspeisen, so esse ich 10 Chönix auf. Diese milden Gaben bringen marathonische und böotische Landleute zusammen, welche mich auch Agathion nennen, weil ich ihnen als ein verträglicher Mensch erscheine." „Wie aber", fragte Herodes, „wurdest du in der Sprache unterrichtet und von wem? Denn du scheinst [1238] mir nicht ungebildet." Darauf erwiderte Agathion: „Das Binnenland von Attika ist eine gute Schule für einen Mann, der reden lernen will! Während nämlich die Athener in der Stadt, indem sie thrakische und pontische und von andern fremden Völkern zusammengelaufene Jünglinge aufnehmen, durch diese ihre Sprache sich vielmehr verderben lassen, als dass sie ihnen zur Wohlredenheit verhelfen, erhalten die im Binnenlande, weil sie keine Berührung mit Fremden haben, ihre Sprache unverfälscht und ihre Zunge spricht das beste Attische." Herodes fuhr fort: „Warst du schon bei einer Festversammlung?" und Agathion sagte: „Bei der in Pytho; aber ich mischte mich nicht unter die Menge, sondern von einem Vorsprunge des Parnassus hörte ich den Wettstreit in den musischen Künsten, als Pammenes wegen seines Trauerspiels bewundert wurde; und es schien mir, die weisen Griechen tun etwas Unvernünftiges, indem sie das Unglück der Pelopiden und Labdakiden mit Wohlgefallen anhören; denn zu schlimmen Taten geben Mythen ein Beispiel, wenn man ihnen nicht die Glaubwürdigkeit abspricht." Als Herodes fand, dass er nachzudenken pflege, fragte er ihn auch, was er von den körperlichen Wettkämpfen halte. „Darüber", sagte er, „muss ich noch mehr lachen, wenn ich sehe, wie Menschen mit einander im Pankratium[121], Faustkampf, Laufen und Ringen kämpfen und dafür bekränzt werden; man bekränze den Wettkämpfer im Laufen, wenn er einem Hirsche oder Pferde vorläuft und den in den schwereren Übungen, welcher mit einem Stiere oder Bären sich in einen Kampf einlässt, was ich täglich tue, da mir das Schicksal einen großartigen Kampf entzog, seitdem Akarnanien keine Löwen mehr hat." Weil nun Herodes Gefallen an ihm fand, lud er ihn ein, [1239] mit ihm zu speisen. „Morgen", sagte Agathion, „will ich zu dir kommen, gegen Mittag, in den Tempel des Kanobus[122] und da halte mir den größten Mischkrug, der in dem Tempel ist, in Bereitschaft mit Milch gefüllt, die aber von keinem Weibe gemolken ist!" Er fand sich am folgenden Tage zur bestimmten Zeit ein, steckte die Nase in den Mischkrug und sagte: „Die Milch ist nicht rein; denn ich rieche die Hand eines Weibs!" und mit diesen Worten ging er fort, ohne von der Milch gekostet zu haben. Herodes wurde aufmerksam auf seine Worte wegen des Weibs und schickte in die Viehställe, um die Wahrheit zu erforschen und als er erfuhr, dass es sich wirklich so verhalte, erkannte er, dass eine göttliche Natur in dem Manne sei.

(8.) Diejenigen, welche gegen Herodes die Beschuldigung erheben, als habe er Hand an Antoninus gelegt aus dem Idagebirge (in Mysien), als er über die freien Städte, dieser aber über alle Städte in Asien gesetzt war, scheinen mir nichts zu wissen von der gerichtlichen Rede des Demostratus gegen Herodes, in welcher er ihm alles Mögliche zur Last legt, aber mit keinem Worte dieser Beleidigung erwähnt, weil sie nicht erfolgt war. Zwar stießen sie aneinander, weil der Weg schlecht und eng war, aber zu Tätlichkeiten kam es zwischen ihnen nicht. Denn Demostratus würde nicht versäumt haben, es anzuführen bei dem Rechtsstreite gegen Herodes, da er ihn so bitter angreift, dass er sogar das heruntersetzt, was man an ihm lobte. Auch eine Klage wegen Mords wurde gegen Herodes erhoben. Sie lautete so: Seine Frau Regilla sei im achten Monat schwanger gewesen, Herodes aber habe wegen einer unbedeutenden Veranlassung seinem Freigelassenen Alkimedon befohlen, sie zu schlagen, und so sei die Frau, weil sie auf den Bauch geschlagen worden, [1240] während einer zu frühen Entbindung gestorben. Auf dieses hin, als wäre es wahr, klagte ihn Braduas, der Regilla Bruder, des Mords an, ein Mann, der unter den gewesenen Konsuln einer der angesehensten war und das Zeichen seines Adels an den Schuhen trug. Dieses ist an den Knöcheln befestigt, von Elfenbein und halbmondförmig. Als er nun in der römischen Kurie auftrat, führte er nichts an, was die Beschuldigung bewiesen hätte, die er vorbrachte, sondern hielt eine lange Lobrede auf sich über seine Herkunft. Daher spottete Herodes über ihn mit den Worten: „Du hast deinen Adel an den Fersen." Und als der Ankläger auch wegen einer Wohltat gegen eine Stadt in Italien sich groß machte, sagte Herodes sehr würdig: „Auch ich könnte vieles der Art von mir sagen, wenn ich auf der ganzen Erde vor Gericht gezogen würde!" Bei der Verteidigung kam ihm zweierlei zu Statten: Erstens dass er keinen solchen Befehl in Beziehung aus Regilla gegeben, zweitens dass er sie nach ihrem Tode über die Maßen betrauerte. Zwar wurde auch dieses als Verstellung dargestellt, aber doch siegte die Wahrheit. Denn nie würde er ein solches Schauspielhaus ihr zu Ehren ausgeführt, noch das zweite Losen um das Prokonsulat um ihretwillen aufgeschoben haben, wenn er sich nicht rein von der Beschuldigung gewusst hätte; noch würde er ihren Schmuck in den Tempel zu Mensis als Weihgeschenk gebracht haben, wenn er mit einer Blutschuld beladen gewesen wäre; denn dies hieße ja die Göttinnen zur Rache des Mords auffordern, nicht sie zur Verzeihung geneigt machen. Auch veränderte er um ihretwillen das Aussehen seines Hauses, indem er die Verzierungen in den Zimmern mit schwarzen Decken und Farben und mit lesbischem Marmor, einer düstern und schwarzen Steinart, verhüllte, worüber ihn Lukius, ein weiser Mann, welcher von Herodes [1241] zu Rate gezogen wurde, verspottet haben soll, als er ihn nicht bewegen konnte, seinen Entschluss zu ändern.

(9.) Auch Folgendes darf ich nicht übergehen, da es bei den Gebildeten ein Gegenstand der Berücksichtigung geworden ist. Lukius war nämlich ein bei den ausgezeichneten Männern geachteter Mensch, er war als ehemaliger Schüler des Musonius von Tyrus in seinen Antworten treffend und wusste einen Scherz zur rechten Zeit anzubringen. Da er ein vertrauter Freund des Herodes war, so besuchte er ihn, als er durch seine Trauer verstimmt war, und machte ihm Vorstellungen mit folgenden Worten: „Mein Herodes, bei allem, wo es ein Genug gibt, ist die Mittelstraße die Grenze! Darüber habe ich den Musonius vieles sprechen hören und selbst vieles gesprochen; auch dich hörte ich in Olympia vor den Griechen es preisen, als du sogar den Flüssen gebotst, mitten in ihrem Bette zu fließen. Allein wo ist jetzt dieses alles hingekommen? Du hast dich selbst verloren und tust Dinge, die Bedauern verdienen und wobei dein Ruf auf dem Spiele steht!" und mehreres dergleichen. Als er ihn aber nicht überzeugen konnte, ging er unwillig weg. Als er nun Sklaven in einer der Quellen neben dem Hause Rettiche waschen sah, fragte er sie, für wen das Mahl sei und sie sagten, für Herodes bereiten sie es. Lukius erwiderte: „Herodes handelt nicht recht gegen Regilla, dass er weiße Rettiche in einem schwarzen Hause isst!" Da nun Herodes dieses erzählen hörte, schaffte er alle die Trauerzeichen aus seinem Hause weg, um nicht gebildeten Männern zum Gespötte zu werden.

Von diesem Lukius ist auch Folgendes merkwürdig. Der Kaiser Markus zeigte einen großen Eifer für Sextus, den Philosophen [1242] aus Böotien, kam oft zu ihm und besuchte seinen Unterricht in seinem Hause, und Lukius, der eben erst nach Rom gekommen war, fragte den Kaiser auf der Straße, wohin er gehe und was er zu tun habe. Markus antwortete: „Auch einem Greisen steht das Lernen wohl an; ich gehe zu dem Philosophen Sertus, um zu lernen, was ich noch nicht weiß." Da hob Lukius die Hand gen Himmel und sprach: „O Zeus, der römische Kaiser, schon ein Greis, hängt die Schreibtafel um und geht in die Schule, mein König, Alexander, aber starb schon als ein Mann von 32 Jahren!" Das Gesagte genügt, die Art, wie Lukius philosophierte, zu zeigen: Denn es ist hinreichend, um den Mann kennenzulernen, wie bei dem alten Weine die Probe zum Kosten.

(10.) Die Trauer um Regilla also wurde auf diese Art gestillt, die aber um seine Tochter Panathenais linderten die Athener dadurch, dass sie dieselbe in der Stadt begruben und beschlossen, den Tag, an welchem sie gestorben war, aus dem Jahre herauszunehmen[123]. Als ihm auch seine andre Tochter starb, welche Elpinike hieß, legte er sich auf den Boden, schlug die Erde und rief: „Was werde ich dir weihen, meine Tochter? Was werde ich dir ins Grab mitgeben?" Da kam der Philosoph Sertus dazu und sagte: „Du wirst deiner Tochter ein großes Geschenk machen, wenn du deine Trauer mäßigst!" Diese übermäßige Trauer um seine Töchter kam daher, weil er seinem Sohne Attikus grollte. Mit diesem war er zerfallen, weil er ein einfältiger, zum Lernen ungeschickter und mit einem schlechten Gedächtnis ausgerüsteter Mensch war. Da er also die ersten Anfangsgründe des Schulunterrichts nicht fassen konnte, [1243] kam Herodes auf den Gedanken, 24 Knaben von gleichem Alter mit ihm zu erziehen und sie nach den Buchstaben zu benennen, damit er an den Namen der Knaben notwendig die Buchstaben kennen lernen müsste. Auch musste er sehen, dass er im Trinken und in der Liebe ausschweifte. Daher tat er noch bei seinem Leben über sein Vermögen den prophetischen Ausspruch:

Einer annoch, ein Tor, bleibt übrig den Räumen des Hauses;[124]

und bei seinem Tode übergab er ihm bloß sein mütterliches Vermögen, sein eigenes aber vermachte er andern Erben. Allein den Athenern kam dieses unmenschlich vor, weil sie nicht bedachten, wie er den Achilles, Polydeukes und Memnon[125] gleich eigenen Kindern betrauerte, obgleich sie nur seine Pflegekinder waren, weil sie rechtschaffen, edelgesinnt und lernbegierig waren und der bei ihm genossenen Erziehung Ehre machten. Daher stellte er Bilder von ihnen auf, wie sie jagen und gejagt haben und jagen wollen, teils in Wäldern, teils auf freiem Felde, teils bei Quellen, teils im Schatten von Platanen, und zwar nicht in der Stille, sondern mit Verwünschungen gegen jeden, der sie beschädigen oder wegschaffen würde. Er würde sie aber nicht so hoch geehrt haben, wenn er sie nicht des Lobes wert gefunden hätte. Als die Quintilier in Griechenland Statthalter waren, machten sie ihm Vorwürfe über die Bilder dieser Jünglinge, als etwas Unnötiges; Herodes aber erwiderte: „Was geht das euch an, wenn ich auf meinen Steinen spiele?!"

(11.) Veranlassung zu seiner Feindschaft mit den Quintiliern gab nach der Behauptung der Meisten die pythische Festversamm-[1244]lung, weil sie als Zuhörer bei den geistigen Wettkämpfen verschiedener Meinung waren; nach der Behauptung einiger aber der Scherz gegen Markus, den Herodes in Betreff ihrer machte. Da er nämlich sah, dass sie, obgleich geborene Troer, von dem Kaiser hoch geschätzt wurden, sagte er: „Ich tadle es sogar an dem homerischen Zeus, dass er die Troer begünstigt!" Am richtigsten wird aber folgende Ursache angegeben: Diese beiden Männer wurden, als sie zugleich Statthalter von Griechenland waren, von den Athenern in die Volksversammlung gerufen. Hier wurden Stimmen laut von solchen, die sich über Gewaltherrschaft beklagten, und damit auf Herodes hingezielt; und zum Schlusse bat man sie, was gesprochen worden, vor die Ohren des Kaisers zu bringen. Als nun die Quintilier aus Mitleid mit dem Volke eilig berichteten, was sie gehört hatten, sagte Herodes, sie handeln hinterlistig gegen ihn, weil sie die Athener gegen ihn aufreizten. Nach jener Volksversammlung nämlich standen Demostratus, Praxagoras, Mamertinus und mehrere andre auf, welche in der Staatsverwaltung Gegner des Herodes waren. Herodes stellte also eine Klage gegen sie an, dass sie das Volk gegen ihn aufregten und belangte sie vor dem Prätor, sie aber entwichen heimlich zu dem Kaiser Markus im Vertrauen auf den Charakter des Kaisers, der mehr volkstümlich war und auf die Zeitumstände: Denn von der Teilnahme an dem, was er gegen Lukius (Verus), seinen Mitregenten, argwohnte, sprach er auch den Herodes nicht frei. Der Kaiser stand damals im Felde gegen die pannonischen Völker und hatte Sirmium (jetzt Sireim in Slavonien) zu seinem Waffenplatze gemacht. Demostratus und seine Begleiter nahmen ihre Wohnung in der Nähe des kaiserlichen Hofs und Markus reichte [1245] ihnen freie Kost und fragte sie oft, ob sie etwas bedürfen. Gütig gegen sie sich zu benehmen hatte er nicht nur sich selbst vorgenommen, sondern auch seiner Gemahlin und seinem noch lallenden Töchterchen zu lieb sich entschlossen; dieses besonders bat, unter vielen Schmeicheleien die Kniee seines Vaters umfassend, er möchte die Athener retten. Herodes aber wohnte in einem Hause in der Vorstadt, an welches Türme und Erker angebaut waren. Auf dieser Reise begleiteten ihn ein Paar Zwillingsschwestern, die schon heiratsfähig und wegen ihrer Schönheit allgemein bewundert waren. Herodes hatte sie von Kindheit auf erzogen und sie zu Mundschenken und Leibköchen gewählt, nannte sie Töchter und liebte sie auch so. Sie waren Töchter des Alkimedon, eines Freigelassenen des Herodes. Diese schliefen in einem der Türme, welcher sehr fest war, als bei Nacht der Blitz einschlug und sie tötete. Durch diesen Vorfall kam Herodes ganz außer sich und erschien vor dem kaiserlichen Gerichte seiner Besinnung nicht mächtig und sich nach dem Tode sehnend. Als er auftrat, begann er mit beleidigenden Äußerungen gegen den Kaiser, ohne seiner Rede jenen feinen Anstrich zu verleihen, welcher den Sinn nur durchschimmern lässt, wie man von einem in dieser Gattung von Reden so geübten Manne erwarten konnte, dass er seinen Zorn beherrschen werde, sondern unverhohlen und unversteckt sprach er mit lauter Stimme: „Das also wird mir für die Bewirtung des Lukius (Verus) welchen du mir schicktest[126]?" So richtest du und opferst mich deinem Weibe und deinem dreijährigen Kinde auf." Als nun [1246] Nassaus, welcher das Schwert des Kaisers führte, ihm mit dem Tode drohte, sagte Herodes: „Mein Bester, ein Greis fürchtet wenig mehr." Nach diesen Worten verließ Herodes den kaiserlichen Gerichtssaal, obgleich noch viel von der ihm zum Sprechen bestimmten Zeit übrig war. Nach unserer Meinung ist zu dem, wodurch Markus sich deutlich als einen Philosophen zeigte, auch sein Benehmen bei diesem Rechtshandel zu zählen. Denn er zog weder die Augenbrauen zusammen, noch änderte sich der Ausdruck seines Blicks, was gewiss auch einem Schiedsrichter begegnet wäre, sondern er wandte sich zu den Athenern und sagte: „Verteidigt euch, Athener, wenngleich Herodes es nicht gestattet!" Als er nun ihre Verteidigung hörte, äußerte er seinen Schmerz nicht, den er über manches empfand, als ihm aber auch die Verhandlungen in einer athenischen Volksversammlung vorgelesen wurden, in welcher sie offen den Herodes angriffen, weil er die Statthalter von Griechenland durch vielen Honig für sich zu gewinnen suche, und ausriefen: „O der bittere Honig!" und wieder: „Glücklich, wer bei der Pest[127] starb!", so wurde er so gerührt von dem, was er hörte, dass er offen in Tränen ausbrach.

Da die Verteidigung der Athener eine Anklage gegen Herodes und gegen seine Freigelassenen enthielt, so kehrte Markus seinen Zorn [1247] gegen diese und wandte die möglichst milde Strafe an, (so bezeichnet er selbst sein Urteil) und erließ nur dem Alkimedon die Strafe, weil er sagte, für ihn sei es an dem Unglücke mit seinen Kindern genug. In dieser Sache also bewies sich Markus auf diese Art als Philosophen.

(12.) Einige aber sprechen auch von einer Verbannung des Herodes, da er doch nie verbannt war und sagen, er habe in Orikum in Epirus gewohnt, das er wieder bewohnbar gemacht habe[128], um hier einen für seine Gesundheit zuträglichen Aufenthalt zu haben. Nun hat zwar Herodes in dieser Stadt gewohnt, als er daselbst krank lag und wegen seiner Genesung von der Krankheit Dankopfer brachte, zur Verbannung wurde er aber nicht verurteilt und hat nicht in Verbannung gelebt. Als Zeugen dafür kann ich den vergötterten Markus anführen. Nach jenem Vorfalle in Pannonien nämlich hielt sich Herodes in seinen Lieblingsgauen Marathon und Kephisia auf, wohin die von allen Seiten herbeigeströmten Jünglinge, welche aus Begeisterung für seine Beredsamkeit zahlreich nach Athen kamen, ihm folgten. Um nun in Erfahrung zu bringen, ob ihm der Kaiser nicht zürne wegen des in dem Gerichtssaale Vorgefallenen, schickte er ihm einen Brief, der keine Verteidigung, sondern einen Vorwurf enthielt. Er schrieb ihm nämlich, er wundre sich, warum er (der Kaiser) ihm keinen Brief mehr schicke, da er ihm doch vordem so oft geschrieben habe, dass einmal sogar 3 Boten mit Briefen in einem Tage an ihn gekommen seien, die einander auf dem Fuße folgten. Hierauf schrieb der Kaiser einen langen Brief über Verschiedenes an Herodes und ließ eine außerordentliche Zartheit der Gesinnung einfließen. Was darin auf den vorliegenden Gegenstand Bezug hat, will ich aus diesem Briefe ausheben und anführen. [1248] Der Anfang des Briefs lautet also: „Sei mir gegrüßt, mein lieber Herodes!" Dann spricht er von dem Winterlager, in welchem er sich damals befand, klagt um seine Gemahlin, die ihm kurz vorher gestorben war, spricht auch von seinem Unwohlsein und fährt dann fort: „Dir aber wünsche ich, dass du gesund und überzeugt sein mögest, ich sei dir wohlgesinnt und dass du nicht denkest, von mir beleidigt zu sein, weil ich einige deiner Freigelassenen, die sich vergingen, verurteilt und mit der möglichst milden Strafe belegt habe! Deswegen also zürne mir nicht. Wenn ich dich aber betrübt habe, oder noch betrübe, so verlange von mir Genugtuung in dem Tempel der Athene in der Stadt an den Mysterien. Denn ich habe gelobt, als der Krieg am hitzigsten war, mich einweihen zu lassen und möchte es geschehen, dass ich von dir eingeführt werde[129]." So lautet die Verteidigung des Markus, so gnädig und so kräftig. Wer hätte nun wohl jemals einen, den er mit der Verbannung bestraft, so anreden, oder einen, der verdiente, so angeredet zu werden, verbannen mögen?

(13.) Es geht auch eine Sage, dass Cassius, der Statthalter im Morgenlande, eine Empörung gegen Markus im Sinne hatte und Herodes ihm darüber Vorwürfe machte, in einem Briefe, der so lautete: „Herodes an Cassius. Du rasest!" Diesen Brief betrachten wir nicht bloß als einen Vorwurf, sondern auch als Kraftäußerung eines Mannes, der für seinen Kaiser die Waffen des Geistes ergriff.

Die Rede, welche Demostratus gegen Herodes hielt, wird unter die Ausgezeichnetsten gezählt. In Rücksicht auf den Affekt hat sie [1249] einerlei Charakter; denn dieselbe Heftigkeit geht vom Anfange bis zum Ende der Rede: In Rücksicht auf den Ausdruck aber ist ihr Charakter mannigfaltig und verschieden, aber immer dem Gegenstande angemessen. Es mag sein, dass die Rede auch um des Herodes willen bei seinen Neidern berühmt wurde, da ein solcher Mann darin gescholten wurde. Allein dass er auch gegen Lästerungen gewaffnet war, wird auch sein Ausspruch beweisen, den er einmal gegen den Kyniker Proteus zu Athen tat. Dieser (Peregrinus) Proteus war einer von den so mutigen Philosophen, dass er sich zu Olympia ins Feuer stürzte.[130] Er verfolgte den Herodes und redete schlecht von ihm in halbbarbarischer Sprache. Da wendete sich Herodes um und sagte: „Meinetwegen rede schlecht von mir, warum denn aber auch noch so (halbbarbarisch)?" Und als Proteus mit seinen Lästerungen fortfuhr, sagte er: „Wir sind alt geworden, du, indem du übel von mir redest, ich, indem ich Übles von dir hören muss!" und zeigte ihm damit, dass er es zwar höre, aber verachte, weil er überzeugt war, dass ungegründete Lästerungen nicht weiter, als bis zum Gehöre dringen.

(14.) Ich will nun auch den Stil des Herodes darstellen, indem ich zu dem Charakter seiner Beredsamkeit übergehe. Dass er den Polemo, Favorinus und Skopelianus unter seine Lehrer zählte und dass er den Sekundus von Athen hörte, habe ich schon gesagt; in den kritischen Wissenschaften war er ein Schüler des Theagenes aus Enidus und des Munatius aus Tralles, in der platonischen Philosophie des Taurus aus Tyrus. Der Bau seiner Rede hat eine ziemlich gemäßigte Gliederung mehr sanfteinnehmende als gewaltigeindringende Kraft, seine Volltönigkeit ist mit Einfachheit verbunden, [1250] sein Wohllaut dem des Kritias ähnlich und seine Gedanken so, dass nicht leicht ein andrer sie erfinden könnte, seine scherzende Anmut nicht gesucht, sondern aus dem Gegenstande sich ergebend: Sein Ausdruck ist angenehm, reich an Figuren, geschmückt und kunstreich wechselnd; seine Begeisterung nicht heftig, sondern sanft und gesetzt; im Allgemeinen ist seine Schreibart wie der aus einem Silberstrome hervorschimmernde Goldsand. Er nahm sich zwar alle alten Redner zum Muster, am meisten aber den Kritias, und führte ihn wieder bei den Griechen ein, da er bis dahin versäumt und übersehen wurde.

Als die Griechen ihm Beifall zuriefen und einen von den zehn (alten Rednern)[131] nannten, so ließ er sich durch dieses Lob, welches für sehr groß galt, nicht bestechen, sondern sagte zu denen, welche ihn lobten, sehr fein: „Ich bin wenigstens (moralisch) besser, als Andokides!"

Obgleich er leichter als andre Menschen lernte, so versäumte er doch das Studieren nicht, sondern beschäftigte sich sogar beim Weine und nachts damit, wenn sein Schlaf unterbrochen wurde. Daher nannten ihn die nachlässigen und magern Redner einen gemästeten.

Sonst zeichnet sich der eine in diesem, der andre in jenem aus, und einer übertrifft den andern in diesem, ein andrer in jenem: Der eine wird bewundert wegen seiner Reden aus dem Stegreife, der andre wegen der Ausarbeitung seiner Reden; Herodes aber war in allem der erste unter den Sophisten und lernte nicht bloß aus dem Trauerspiele, sondern auch aus dem Menschenleben [1251] selbst, was zu Erregung des Affekts gehört. Man hat von Herodes sehr viele Briefe, Reden, Tagebücher, Handbücher und Notizenbücher[132], welche eine Blumenlese aus der alten Gelehrsamkeit enthalten.

Diejenigen, welche ihm, als er noch jung war, vorwarfen, dass er in einer Rede stecken blieb, als er in Pannonien vor dem Kaiser sprach, scheinen mir nicht zu wissen, dass auch dem Demosthenes, als er vor Philippus sprach, dasselbe begegnete. Und dieser verlangte noch dazu, als er nach Athen kam, Ehrenbezeigungen und Kränze, obgleich Amphipolis für die Athener verloren blieb, Herodes aber ging, nachdem ihm dieses begegnet war, an den Istrus, um sich hineinzustürzen. Solchen Gewinn brachte ihm der Wunsch, in der Beredsamkeit berühmt zu werden, dass er diesen Fehler mit dem Tode büßen wollte.

(15.) Er starb gegen 76 Jahre alt, an der Schwindsucht. Da er in Marathon gestorben war und seinen Freigelassenen aufgetragen hatte, ihn dort zu begraben, so ließen die Athener durch die Jünglinge seine Leiche mit Gewalt entführen und in die Stadt bringen; der Totenbahre gingen Leute von jedem Alter entgegen, weinend und jammernd, wie Kinder, die einen braven Vater verloren haben: Sie begruben ihn in dem Panathenaikus und setzten auf sein Grab folgende kurze und vielsagende Inschrift:

[1252]   Was von Attikus Sohn, Herodes aus Marathon, übrig,

Schließet das Grab hier ein; überall blühet sein Ruhm.

So viel von Herodes aus Athen, teils von andern schon Erzähltes, teils andern noch Unbekanntes.

2. Ich komme jetzt auf den Sophisten **Theodotus** zu reden. Theodotus war Vorsteher (Archon) des athenischen Volks zu der Zeit, als die Athener mit Herodes unzufrieden wurden und ließ es zu keiner offenen Feindschaft zwischen sich und Herodes kommen, sondern stellte ihm insgeheim nach: Denn er verstand die Verhältnisse zu benützen, da er einer von den öffentlichen Sachwaltern war. Mit Demostratus hatte er sich so eng verbunden, dass sie einander bei den Vorträgen halfen, welche sie gegen Herodes ausarbeiteten. Er war auch der erste öffentliche Lehrer der athenischen Jugend mit dem vom Kaiser (Markus Aurelius) bestimmten Gehalte von 10000 Drachmen. Dies ist nun zwar nicht merkwürdig; denn nicht alle, welche diesen Lehrstuhl betraten, waren merkwürdige Männer: Sondern dass Markus, während er dem Herodes auftrug, die Platoniker, Stoiker, Peripatetiker und sogar die Epikureer zu prüfen, diesen Mann bloß auf seinen Ruf hin selbst den Jünglingen zuteilte und einen Meister in der Staatsberedsamkeit und eine Stütze der Redekunst nannte. Er war ein Schüler des Lollianus und ließ auch den Unterricht des Herodes nicht unbenützt.

Er lebte über 50 Jahre und saß 2 Jahre auf dem Lehrstuhle. Was seinen Stil betrifft, so war er in der gerichtlichen und in der ganz sophistischen Beredsamkeit gleich stark.

3. Berühmt unter den Sophisten ist auch **Aristokles aus Pergamus**. Von ihm will ich mitteilen, was ich von älteren Leuten [1253]

hörte. Er stammte von gewesenen Konsuln ab. In seiner frühen Jugend bis zum reiferen Jünglingsalter beschäftigte er sich mit dem Studium der peripatetischen Philosophie und sprang dann zu den Sophisten über, indem er zu Rom oft zu Herodes kam, wenn er Reden aus dem Stegreife vortrug. So lange er Philosophie trieb, galt er für roh, verwildert in seinem Äußern und schmutzig, putzte sich aber nachher und legte sein schmutziges Wesen ab. Alle Vergnügungen, welche das Spielen auf der Leier und der Flöte und der Gesang gewährt, nahm er in seine Lebensweise auf, wie wenn sie ihn in seinem Hause aufsuchten; denn so eingezogen er vordem lebte, so besuchte er jetzt bis zum Übermaße die Schauspielhäuser und was dort zu hören ist.

Während er in Pergamus berühmt war und alle dortigen[133] Griechen an sich zog, schickte Herodes, wenn er verreiste, alle seine Schüler nach Pergamus und hob dadurch den Aristokles noch mehr, wie die Stimme der Athener[134].

Sein Ausdruck ist deutlich und rein Attisch, passt aber mehr für belehrende als für gerichtliche Reden; denn es fehlt seiner Sprache an Galle und beinahe an aller Kraft und selbst seine attische Sprache, wenn man sie nach der des Herodes beurteilt, wird eher als Magerkeit erscheinen, denn als eine Zusammensetzung aus Volltönigkeit und Wohllaut. [1254]

Aristokles starb halbergraut, ehe er noch das Greisenalter erreichte.

4. (1.) Der Sophist **Antiochus** stammte **aus Ägä** in Kilikien und von so edlem Geschlechte, dass noch jetzt seine Nachkommen Konsuln sind.

Da man ihm Furchtsamkeit vorwarf, weil er weder vor dem Volke auftrat, noch an der öffentlichen Staatsverwaltung Anteil nahm, so sagte er: „Nicht euch, sondern mich selbst fürchte ich!" Denn er kannte seine Heftigkeit, die er nicht bezähmen und bemeistern konnte. Dennoch aber machte er sich um die Ägäer verdient durch sein Vermögen, wie er konnte, indem er ihnen Geschenke mit Getreide machte, so oft er wahrnahm, dass sie dessen benötigt seien und mit Geld für schadhaft gewordene Bauten.

Die meisten Nächte schlief er in dem Tempel des Asklepios, teils um Träume zu erhalten, teils um sich zu unterhalten, wie wachende Menschen, die sich unterreden; denn der Gott unterredete sich mit ihm auch wenn er wachte, und hielt es für ein edles Geschäft seiner Kunst, die Krankheiten von Antiochus ferne zu halten.

(2.) Antiochus war in seinen früheren Jahren ein Schüler des Dardanus aus Assyrien, als er aber ins Jünglingsalter eintrat, des Dionysius von Miletus, welcher damals schon in Ephesus wohnte. In seinen belehrenden Reden befriedigte er nicht, da er aber ein sehr kluger Mann war, so wusste er diese Art von Reden herunterzusetzen als etwas kindisches, damit es eher scheine, er habe sie nicht beachtet, als er sei ihr nicht gewachsen; hingegen in den Schulreden war er ganz ausgezeichnet. Er besitzt Sicherheit in den Gegenständen, die einen feinen Anstrich erfordern, welcher den Sinn nur [1255] durchschimmern lässt, Kraft in den Anklagen und Angriffen, etwas durch den Schein Gewinnendes bei den Verteidigungen und eine besondere Stärke in der ruhigen und schlichten Darstellung, kurz sein Stil ist mehr sophistisch, als der gerichtliche und mehr gerichtlich, als der sophistische. Auch die heftigeren Affekte behandelte er am besten unter allen Sophisten; denn er verlor sich nicht in lange Klagereden und gemeine Jammerrufe, sondern fasste sich kurz mit Gedanken, die über allen Ausdruck gut waren, wie sich dies außer andern Gegenständen vorzüglich bei folgenden zeigt. Ein Mädchen, dem Gewalt geschehen ist, wählt den Tod dessen, der ihr Gewalt angetan hat.[135] Die Folge der Gewalt ist die Geburt eines Kindes und nun streiten sich die Großväter, bei welchem von ihnen es erzogen werden solle. Als Verteidiger der Rechte des Großvaters von väterlicher Seite sagte er: „Gib das Kind her, gib es jetzt gleich, ehe es Muttermilch gekostet hat!" Der zweite Gegenstand ist der: Ein Tyrann legt die Herrschaft nieder unter der Bedingung, dass alles vergessen sein solle; diesen tötet einer, der von ihm zum Verschnittenen gemacht worden war und verteidigt sich wegen des Mords. Hier hat er das Hauptgewicht der Anklage, die Ausführung der Rechtspunkte zurückgewiesen, indem er in den Fall ein die Erkenntnis verwirrendes Motiv einmischte. „Mit wem", sagt er, „hat er denn diese Übereinkunft geschlossen? Mit Kindern, Weibern, Jünglingen, Greisen, Männern[136]; von mir (einem Verschnittenen) aber steht nichts [1256] in dem Vertrage!" Vortrefflich ist auch seine Verteidigung der Kreter, wie sie wegen des Grabmals des Zeus gerichtet werden, indem er mit allerlei Kenntnissen aus der Natur- und Götterlehre glänzend seine Rede ausstattete. Seine Schulreden hielt er aus dem Stegreife. Auch schriftliche Ausarbeitungen beschäftigten ihn, wie außer mehreren andern vorzüglich seine Geschichte beweist; hier gibt er nämlich eine Probe seines Ausdrucks und seiner Erzählung und zeigt ein Streben nach Anmut und Schönheit.

Was seinen Tod betrifft, so sagen einige, er sei 70 Jahre, andre nicht so alt, einige, er sei in seiner Heimat, andre auswärts gestorben.

5. (1.) **Alexander**, welchen man gewöhnlich Peloplato (den tönernen Plato) nannte, war gebürtig **aus Seleukia**, einer nicht unbedeutenden Stadt in Kilikien. Sein gleichnamiger Vater war in der gerichtlichen Beredsamkeit ausgezeichnet und seine Mutter außerordentlich schön, wie die Gemälde beweisen und der Helena des Eumelus ähnlich. Eumelus hatte nämlich eine Helena gemalt, die so schön war, dass sie als Weihgeschenk auf dem römischen Markte aufgestellt wurde. Man erzählt, nicht nur andre Männer haben diese Frau geliebt, sondern offenkundig auch Apollonius von Tyana; die andern habe sie verschmäht, dem Apollonius aber habe sie beigewohnt, weil sie sich ausgezeichnete Kinder wünschte, da er mehr Göttliches besaß, als andre Menschen. Wie ganz unglaublich dieses ist, habe ich in dem Leben des Apollonius (I, 13. S. 181f.) ausgeführt.

Alexander hatte etwas Gottähnliches in seiner Gestalt und wurde bewundert, sobald er in das blühende Alter eintrat: Er hatte einen lockenreichen Bart, den er ziemlich lang wachsen ließ, ein sanftes [1257] und großes Auge, eine mittelmäßige Nase, sehr weiße Zähne und lange Finger, passend um die Zügel der Rede zu halten. Er besaß auch Reichtum, den er auf erlaubte Vergnügungen verwendete.

(2.) Als er ins Mannesalter eintrat, wurde er als Gesandter der Stadt Seleukia an (den Kaiser) Antoninus geschickt. Von vielen Seiten waren ihm Gerüchte zu Ohren gekommen, dass er sich ein jugendliches Aussehen zu geben suche. Als nun der Kaiser nicht sehr aufmerksam auf ihn zu sein schien, erhob Alexander seine Stimme und sagte: „Sei aufmerksam auf mich, Kaiser!" Dadurch gegen ihn aufgebracht, weil er zu dreist ihn angeredet, sagte der Kaiser: „Ich bin aufmerksam und verstehe (kenne) dich; du bist ja der, welcher sein Haar pflegt und die Zähne glänzend erhält, und die Nägel glättet und immer von Salben duftet!"

Den größten Teil seines Lebens verweilte er in Antiochien, Rom, Tarsus und sogar in ganz Ägypten; denn er kam auch in die Gegenden, wo die Gymnosophisten (Vgl. S. 1159) wohnen.

(3.) Sein Aufenthalt in Athen war von kurzer Dauer, aber doch nicht unmerkwürdig. Er reiste nämlich nach Pannonien, wohin ihn der Kaiser Markus berief, welcher dort im Felde stand und ihm das Amt eines griechischen Geheimschreibers übertragen hatte. Als er nun nach Athen kam, (dies ist keine kleine Strecke Wegs, wenn man aus dem Morgenlande kommt) sagte er: „Hier wollen wir ausruhen!" Demzufolge kündigte er den Athenern Reden aus dem Stegreife an, weil sie ihn zu hören wünschten und da er erfuhr, dass Herodes sich in Marathon aufhalte und die ganze Jugend ihm nachgefolgt sei, so schrieb er an ihn einen Brief, worin er bat, er möchte ihm die Griechen schicken. Herodes antwortete: „Ich werde selbst [1258] mit den Griechen kommen!" Man versammelte sich also in dem Schauspielhause im Keramikus, welches Agrippeum heißt. Da aber der Tag schon weit vorgerückt war und Herodes immer noch nicht kam, so wurden die Athener unwillig, weil dadurch der Vortrag verhindert werde und hielten es für eine List. So wurde Alexander genötigt, zum Sprechen aufzutreten, noch ehe Herodes kam. Der Gegenstand seiner Rede war das Lob der Stadt Athen und eine Entschuldigung gegen die Athener, dass er nicht schon früher zu ihnen gekommen sei. Sie hatte eine genügende Ausdehnung; denn sie glich einem Auszuge aus einer panathenäischen Rede: Er selbst aber gefiel den Athenern so wohl, dass ein Gemurmel unter ihnen entstand, während er noch nicht zu reden angefangen hatte, indem sie seine schöne Gestalt lobten. Der Gegenstand, für dessen Wahl die Mehrzahl der Athener sich erklärte, war, wie einer den Skythen rät, zu ihrem früheren Wanderleben zurückzukehren, da sie durch das Wohnen in einer Stadt krank würden. Er wartete eine kleine Weile, und sprang dann von dem Stuhle auf mit einem heiteren Gesichte, wie wenn er den Zuhörern eine frohe Botschaft brächte von dem, was er zu sagen hätte. Während er nun fortsprach, erschien Herodes, mit einem arkadischen Hute das Haupt gegen die Sonne geschützt, wie er zur Sommerzeit in Athen pflegte, vielleicht auch um ihm zu zeigen, dass er gerade von der Straße herkomme. Alexander nahm also davon Veranlassung, sprach über die Gegenwart des Herodes in etwas feierlichem und volltönendem Ausdrucke und stellte es ihm frei, ob er den bereits behandelten Gegenstand hören, oder selbst einen vorschlagen wolle. Als Herodes zu den Zuhörern emporblickte und sagte, er wolle tun, was diesen beliebe, so stimmten alle dafür, die skythische Rede zu hören; denn er führte den [1259] Gegenstand glänzend aus, wie die Rede selbst zeigt. Eine bewundernswürdige Stärke bewies er auch in Folgendem: Die Gedanken, welche er vor Herodes Ankunft glänzend ausgedrückt hatte, behandelte er in seiner Gegenwart so ganz mit verändertem Ausdrucke und verschiedener Gliederung, dass er denen, welche ihn zum zweiten Mal hörten, sich nicht zu wiederholen schien. Was am meisten gefiel unter allem, was er vor Herodes Eintreffen gesagt hatte, „Durch Stehen wird auch das Wasser schlecht." drückte er nachher in seiner Gegenwart mit andern Worten aus „Auch unter den Gewässern sind die angenehmer, welche einen freien Lauf haben." Auch Folgendes ist aus der skythischen Rede des Alexander: „Und wenn der Ister zufror, zog ich gegen Mittag, wenn er aufging, wanderte ich gegen Mitternacht, ohne dass mein Körper dabei litt und ohne dass ich mich so übel befand, wie jetzt; denn was könnte einem Menschen Schlimmes zustoßen, der sich nach den Jahreszeiten richtet?" Gegen das Ende seiner Rede tadelte er die Stadt als eine zum Ersticken enge Wohnung und machte den Schluss mit folgenden Worten: „Nun so öffne die Tore, ich will frische Luft schöpfen!"

Hierauf lief er auf Herodes zu, umarmte ihn und sagte: „Tische mir nun auch etwas auf!" Herodes antwortete: „Wie sollte ich nicht, da du mir so prächtig aufgetischt hast?!" Nachdem die Versammlung auseinander gegangen war, rief Herodes die von seinen Schülern, welche schon Fortschritte gemacht hatten, zu sich und fragte, was sie von dem Sophisten denken. Als nun Skeptes von Korinth sagte, den Ton habe er zwar gefunden, den Plato aber suche er [1260] noch, verwies es ihm Herodes und sprach: „Sage dies zu niemand sonst; denn du bringst dich dadurch in den Verdacht, als urteilest du unverständig; folge lieber mir, der ihn für einen nüchternen Skopelianus hält!" So charakterisierte ihn Herodes, weil er sah, dass er seine kühnen sophistischen Gedanken in einen gemäßigten Ausdruck einkleidete.

Als nun Herodes dem Alexander auch eine Probe seiner Kunst gab, steigerte er das Volltönende in seiner Sprache, da er bemerkte, dass er an dieser Erhebung auch am meisten Gefallen finde und brachte eine mannigfaltigere Gliederung der Töne, als Flöten und Leier zulassen, in der Rede an, da er ihm auch in diesem Wechsel sehr gewandt schien. Der von ihm behandelte Gegenstand war, wie die in Sizilien verwundeten Athener ihre von dort abziehenden Landsleute bitten, sie zu töten. In dieser Rede trug er die allgemein bekannte Bitte vor, wobei er die Augen mit Tränen benetzte: „Ja Nikias, ja Vater, so mögest du Athen sehen!"[137] Dabei soll Alexander ausgerufen haben: „Herodes, nur Bruchstücke von dir sind wir Sophisten alle!" und Herodes soll sich über dieses Lob überaus gefreut und seinem Charakter gemäß ihm 10 Lasttiere, 10 Pferde, 10 Mundschenken, 10 Geschwindschreiber, 20 Talente Gold, sehr viel Silber und 2 noch stammelnde kleine Sklaven von Kolytus (einem attischen Gaue) geschenkt haben, da er hörte, dass Alexander [1261] an solcher ungewöhnlichen Aussprache eine Freude habe. So ging es ihm in Athen.

(4.) Da ich auch von andern Sophisten denkwürdige Aussprüche angeführt habe, so soll auch Alexander noch in einigen weiteren geschildert werden; denn er ist bei den Griechen noch nicht zu seinem vollen Ruhme gekommen.

Dass er mit Erhabenheit und Anmut zu reden wusste, beweisen folgende Aussprüche: „Marsyas liebte den Olympus und Olympus das Flötenspiel."[138]; ferner: „Arabien hat viele Bäume, schattige Ebenen, nichts Kahles, Pflanzen bilden den Boden und Blumen; weder ein arabisches Blatt wirst du wegwerfen, noch ein Reis, das dort gewachsen ist, fortschleudern. So glücklich ist das Land in allem, was ihm entsprießt."; ferner: „Ein armer Mann aus Ionien, die Ionier aber sind Griechen, welche in dem Lande der Barbaren (Perser) wohnen." Über diese Manier machte sich Antiochus lustig und verspottete ihn, weil er in der Schönheit des Ausdrucks schwelge, als er nach Antiochien kam, mit folgenden Worten: „Ionien, Lydien, Marsyasse, Albernheiten[139], gebet Gegenstände zu Reden auf." Seine Vorzüge in der Schulrede sind zwar schon daraus ersichtlich, sollen aber auch noch an andern Gegenständen gezeigt werden. Als er den Pericles darstellte, wie er fordert, man solle an dem Kriege festhalten, sogar nach dem Orakelspruche, in welchem Pythius (Apollo) verkündigte, er werde sowohl gerufen als auch ungerufen den Lakedämoniern beistehen[140], begegnete er der Einwendung aus dem Orakel-[1262]spruche also: „Aber Pythius verspricht ja, den Lakedämoniern zu helfen. Er lügt; denn so verhieß er ihnen auch Tegea!"[141] In einer andern Rede, in welcher einer dem Darius rät, über den Istrus eine Brücke zu schlagen, sagt er: „Der skythische Istrus soll unter dir durchfließen und wenn er ruhig strömend das Heer hinübergebracht hat, so ehre ihn dadurch, dass du aus ihm trinkst!" Als er den Artabazus vorstellte, wie er dem Xerxes abrät, den zweiten Zug gegen Griechenland zu unternehmen, drückte er sich in Kürze also aus: „Das also hast du bei den Persern und Medern, o König, wenn du dich ruhig verhältst; bei den Griechen aber ein beschränktes Land, ein enges Meer, tollkühne Menschen und neidische Götter!" Als er die in den Ebenen Erkrankten aufforderte, ihren Wohnsitz auf die Berge zu verlegen, sprach er über die Natur also: „Es scheint mir auch der Schöpfer des Weltalls die Ebenen, wie wenn sie aus einem unedleren Stoffe beständen, unten hin geworfen, die Berge aber, wie wenn sie Auszeichnung verdienten, erhoben zu haben. Sie grüßt die Sonne zuerst und verlässt sie zuletzt. Wer wird nicht einen Ort lieben, welcher längere Tage hat?"

Lehrer Alexanders waren Favorinus und Dionysius: Den Dionysius jedoch verließ er, als er nur halb seinen Unterricht genossen hatte, weil er von seinem kranken Vater heimgerufen wurde, der damals auch wirklich starb: Von Favorinus aber war er ein echter Schüler und nahm von ihm auch vorzüglich den Schmuck der Rede an.

Die einen sagen, Alexander sei im Keltenlande[142] gestorben und sei noch Geheimschreiber gewesen, die andern, in Italien, nach-[1263]dem er dieses Amt nicht mehr bekleidet habe; ebenso sagen einige, er sei 60 Jahre alt gewesen, andre, sogar 68, einige, er habe einen Sohn, andre, eine Tochter hinterlassen, von welchen ich nichts Merkwürdiges fand.

6. Auch von **Varus aus Perge** (in Pamphylien) soll gesprochen werden. Sein Vater war Kallikles, einer der angesehensten Einwohner von Perge, sein Lehrer, der Prokonsul Quadratus, welcher über allgemeine Fragen Reden aus dem Stegreife hielt und ein Sophist nach der Weise des Favorinus war. Gewöhnlich gab man dem Varus den Beinamen Storch wegen der rötlichen Farbe und schnabelförmigen Gestalt seiner Nase und dass man diesen Witz nicht ohne Grund machte, kann man aus seinen Bildern abnehmen, welche in dem Tempel der pergäischen Artemis als Weihgeschenke aufgehängt sind. Der Charakter seiner Darstellung war folgender: „Kommst du an den Hellespont, so verlangst du ein Pferd, kommst du an den Athos, so willst du im Schiffe fahren. Kennst du denn die Wege nicht, Mensch? Wenn du in den Hellespont ein wenig Erde wirfst, meinst du, sie werde bleiben, während die Berge nicht bleiben?" und dies soll er mit einer hellen und ausgebildeten Stimme vorgetragen haben. Er starb in seiner Heimat in nicht hohem Alter und hinterließ Kinder. Seine Nachkommen sind alle angesehen in Perge.

7. **Hermogenes**, dessen Vaterstadt **Tarsus** (in Kilikien) war, gelangte in einem Alter von 15 Jahren zu so großem Ruhme unter den Sophisten, dass sogar der Kaiser Markus (Antoninus) Lust bekam, ihn zu hören. Er ging also hin, um ihn zu hören, ergötzte [1264] sich an seinem Vortrage, bewunderte sein Reden aus dem Stegreife und machte ihm große und prächtige Geschenke. Als er aber ins Mannesalter trat, verlor er diese ausgezeichnete Fähigkeit dazu, ohne dass eine Krankheit sich gezeigt hätte. Dies gab seinen Neidern Veranlassung zu einem Witze: Sie sagten nämlich, die Rede sei im eigentlichen Sinne geflügelt, wie sie Homer nenne; denn Hermogenes habe sie verloren, wie Flügelfedern. Und der Sophist Antiochus sagte einmal ihn verspottend: „Dies ist Hermogenes, der in der Kindheit ein Greis war und im Greisenalter ein Kind ist!"

Seine Manier, die er anwendete, war Folgende. Als er vor Markus sprach, sagte er: „Siehe, ich komme vor dich, Kaiser, ein Redner, der noch eines Aufsehers bedarf, ein Redner, der das Mannesalter noch nicht erreicht hat!" und mehreres andre, auch in solcher Weise Scherzhafte sprach er.

Er starb in sehr hohem Alter, ohne in besonderer Achtung zu stehen; denn man verachtete ihn, als ihn seine Kunst verlassen hatte.

8. (1.) **Philager aus Kilikien** war ein Schüler des Lollianus und der feurigste und hitzigste unter allen Sophisten; denn er soll einmal einem Zuhörer, der eingeschlafen war, sogar eine Ohrfeige gegeben haben. Von Jugend auf bewies er eine ausgezeichnete Kraft und verlor sie selbst in seinem Alter nicht, sondern sie nahm so sehr zu, dass er sogar für das Muster eines Lehrers gehalten wurde. Er besuchte sehr viele Völker und galt für einen Meister in Behandlung der rhetorischen Gegenstände, in Athen aber zeigte er sich nicht als Meister in Bezähmung seines Zorns, sondern zog sich die [1265] Feindschaft des Herodes zu, wie wenn er nur deswegen gekommen wäre. Er ging nämlich in der Abenddämmerung im Keramikus mit 4 Männern, wie sie in Athen den Sophisten nachlaufen und als er einen jungen Menschen mit mehreren rechts herkommen sah, glaubte er, von ihm verhöhnt zu werden und sagte: „Höre, wer bist du?" „Ich bin Amphikles von Chalkis.", antwortete dieser, „Wenn du schon von ihm gehört hast." „Bleibe also", sagte Philager, „von meinen Vorträgen weg; denn du scheinst mir nicht bei Verstande zu sein!" Als dieser nun fragte: „Wer bist denn du, dass du mir dieses befiehlst?" sagte Philager, das sei eine Beleidigung für ihn, dass er irgendwo nicht gekannt werde. Da ihm nun ein ungewöhnlicher Ausdruck im Zorne entschlüpfte, tadelte ihn Amphikles (er behauptete nämlich unter Herodes Schülern den ersten Rang) und sagte: „Bei welchem mustergültigen Redner kommt dieser Ausdruck vor?" und jener antwortete: „Bei Philager." So weit kam es bei diesem ärgerlichen Auftritte. Am folgenden Tage aber schrieb er, da er erfuhr, dass Herodes auf seinem Gute in der Vorstadt sich aufhalte, einen Brief an ihn und warf ihm vor, er bekümmere sich nichts um eine anständige Aufführung seiner Schüler. Herodes antwortete: „Du scheinst mir keinen guten Eingang zu deiner Rede zu machen." und tadelte ihn damit, weil er das Wohlwollen seiner Zuhörer nicht zu gewinnen suche, welches man als den Eingang in den Schaureden zu betrachten hat. Philager aber, wie wenn er das Rätsel nicht verstände, oder wenn er es verstand, den Rat des Herodes, der doch sehr gut war, verlachend, trat vor Zuhörern auf, die ihm abgeneigt waren und fiel daher mit seiner Schaurede durch.

(2.) Wie ich nämlich von den Älteren hörte, missfiel sein Vor-[1266]trag, weil er etwas Fremdklingendes und keinen Zusammenhang in den Gedanken zu haben schien, auch fand man ihn kindisch; denn eine Klage um seine Frau, die ihm in Ionien gestorben war, hatte er in die Lobrede auf die Athener eingemischt. Bei seiner Schulrede aber wurde ihm folgende Falle gelegt. In Asien hatte er einen Gegenstand ausgeführt, wie die Bundesgenossenschaft der nicht dazu Aufgerufenen abgewiesen wird.[143] Als diese Rede bereits herausgegeben war, lernte er sie auswendig, denn er hatte eben damit großen Beifall eingeerntet. Dem Herodes nun war ein Gerücht zu Ohren gekommen, dass Philager über die zum ersten Mal bestimmten Gegenstände aus dem Stegreife spreche, zum zweiten Mal aber nicht mehr, sondern Aufgewärmtes und schon vorher von ihm Gesagtes vortrage. Er legte ihm also diese nicht (zum Beistande) Aufgerufenen vor und während er aus dem Stegreife zu sprechen schien, las man seine Schulrede nach. Als nun großer Lärm und Gelächter unter den Zuhörern entstand, schrie Philager und rief man tue ihm unrecht, dass man ihm die Benützung seines Eigentums wehren wolle, konnte aber dadurch der schon vorher geglaubten (oder: jetzt bestätigten) Beschuldigung nicht entgehen.

Dies geschah in dem Agrippeum[144]. Nach 4 Tagen trat er in dem Rathause der Künstler[145] auf, welches an dem Tore des Keramikus steht nicht weit von den Reitern[146]. Hier stellte er mit großem Beifalle den Aristogiton dar, wie er den Demosthenes wegen seiner Hinneigung zu den Persern und den Aeschines wegen seiner Hin-[1267]neigung zu Philippus anklagen will, worüber beide einander auch wirklich angeklagt hatten, aber der Zorn erstickte ihm die Stimme, indem der tönende Atem bei gallsüchtigen Menschen nach seiner natürlichen Wirkung den Ton der Stimme verdunkelt.

Einige Zeit nachher bestieg er den Lehrstuhl in Rom, in Athen aber büßte er seinen Ruhm aus den genannten Ursachen ein.

(3.) Der Charakter seiner Beredsamkeit war in seinen Vorträgen folgender Art: „Meinst du denn nun, dass die Sonne den Abendstern beneide, oder sich darum bekümmere, ob noch ein andres Gestirn am Himmel sei? Nicht so verhält es sich mit diesem großen Feuer; denn mir scheint sie sogar nach Art eines Schöpfers jedem seine Stelle anzuweisen und zu sprechen: Dir gebe ich den Norden, dir den Süden, dir den Westen; ihr alle aber seid nur bei Nacht sichtbar, alle nur dann, wenn ich es nicht bin.

Helios stieg nunmehr, aus dem herrlichen See sich erhebend,[147]

und die Sterne sind verschwunden." Wie seine Tongliederung in den Schulreden war, mag seine Antwort an die nicht (zum Beistande) Aufgerufenen zeigen; denn daran soll er großes Wohlgefallen gehabt haben: „Freund, heute habe ich dich gesehen und heute sprichst du zu mir in Waffen und mit dem Schwerte!" und „Ich kenne allein die von der Volksversammlung ausgehende Freundschaft.[148] Ent-[1268]fernt euch also, liebe Freunde; denn diesen Namen behalten wir für euch! Wenn wir einmal Bundesgenossen bedürfen, werden wir zu euch schicken, wenn es einmal dahin kommen wird."

(4.) Philager hatte nicht einmal mittlere Größe, in seinen Augenbrauen einen bittern Ausdruck, ein lebhaftes Auge und war leicht zum Zorne zu reizen; und dieses sein mürrisches Wesen war ihm selbst nicht unbekannt. Als ihn daher einer von seinen Freunden fragte, aus welchem Grunde er an der Kinderzeugung keine Freude habe, sagte er: „Weil ich an mir selbst keine Freude habe." Nach einigen soll er auf dem Meere, nach andern in Italien gestorben sein im Anfange des Greisenalters.

9. (1.) **Aristides**, sei er nun des Eudämon Sohn, oder heiße er selbst Eudämon, war gebürtig **aus Hadriani**, einer unbedeutenden Stadt in Mysien und wurde in Athen zu der Zeit, als Herodes blühte und in Pergamum, in Asien, zu der Zeit, als Aristokles in der Beredsamkeit unterrichtete, gebildet. Obgleich er von Jugend auf kränklich war, versäumte er doch das Studieren nicht. Die Art seiner Krankheit und dass er an Nervenzucken litt, erzählt er selbst in seinen heiligen Büchern. Diese vertraten bei ihm die Stelle eines Tagebuchs[149], ein Tagebuch aber ist der beste Lehrmeister in der Kunst, über alles sich gut auszudrücken. Da ihm die Natur das Talent, aus dem Stegreife zu sprechen, nicht verliehen hatte, so arbeitete er seine Reden mit Sorgfalt aus und nahm dabei die alten Redner zum Muster; er besaß eine ziemliche Stärke in der Erfindung und vermied alles seichte Gerede.

[1269]   Reisen machte Aristides nicht viele; denn er sprach nicht der Menge zu Gefallen und konnte seinen Zorn nicht bemeistern, wenn seine Zuhörer ihm nicht Beifall zollten. Die Länder, welche er besuchte, sind Italien, Griechenland und die Bewohner Ägyptens an dem Delta, welche ein ehernes Standbild von ihm auf dem Markte in Smyrna aufstellten.

(2.) Den Aristides auch Wiederhersteller von Smyrna zu nennen, ist keine Prahlerei, sondern ein ganz gerechtes und verdientes Lob. Denn diese Stadt, welche durch Erdbeben und Erdrisse ganz zerstört war, beklagte er in einem Briefe an Markus so, dass der Kaiser bei vielen Stellen seiner Klage seufzte, bei den Worten aber „Die Abendwinde wehen über ihre Trümmer hin." sogar Tränen auf das Schreiben fallen ließ und die Erbauung der Stadt auf den Antrieb des Aristides bewilligte.

Auch vorher schon war Aristides dem Markus in Ionien bekannt geworden. Wie ich nämlich von Damianus aus Ephesus hörte, war der Kaiser schon 3 Tage lang in Smyrna und da er den Aristides noch nicht kannte, fragte er die Quintilier, ob unter der Menge derer, welche ihm aufwarteten, Aristides nicht von ihm übersehen worden sei. Diese sagten, auch sie haben ihn nicht gesehen; denn sonst würden sie nicht unterlassen haben, ihn vorzustellen und kamen nun am folgenden Tage, beide den Aristides begleitend. Der Kaiser redete ihn mit den Worten an: „Warum sehen wir dich so spät?" und Aristides antwortete: „Ein Gegenstand des Nachdenkens, [1270] mein Kaiser, hielt mich auf und wenn der Geist mit Nachdenken beschäftigt ist, so darf er nicht abgezogen werden von dem, was er sucht." Der Kaiser, dem der Charakter des Mannes wohl gefiel, weil er so ganz einfach und wissenschaftlich war, fragte ihn: „Wann werde ich dich hören?" Aristides erwiderte: „Lege mir heute eine Aufgabe vor und morgen sollst du mich hören; denn ich gehöre nicht zu den Rednern, welche alles von sich geben, was ihnen in den Mund kommt, sondern zu denen, welche vorher sorgfältig ausarbeiten, was sie sprechen wollen. Aber das erlaube, mein Kaiser, dass auch meine Schüler bei meinem Vortrage zugegen seien!" „Es sei", antwortete Markus, „denn es ist volkstümlich!" Als nun Aristides fortfuhr: „Auch das vergönne ihnen, Kaiser, dass sie durch Rufen und Klatschen ihren Beifall ausdrücken, so sehr sie können!"; so lächelte der Kaiser und sagte: „Das steht bei dir." Den Gegenstand, über welchen er sprach, gebe ich nicht an, da einige diesen, andre einen andern nennen; darin jedoch stimmen alle überein, dass Aristides vor Markus mit ausgezeichnetem Schwunge gesprochen habe; und so leitete das Schicksal schon von Ferne die Wiederherstellung der Stadt Smyrna durch diesen Mann ein. Dies sage ich nicht, als ob nicht der Kaiser die zerstörte Stadt wiederhergestellt hätte, welcher er, so lange sie stand, bewunderte, sondern weil fürstliche und edle Naturen, wenn Rat und Zuspruch sie noch ermuntert, mehr auflodern und zum Wohltun mit einem gewissen Eifer getrieben werden.

(3.) Von Damianus hörte ich auch, dass dieser Sophist die Reden aus dem Stegreife in seinen Vorträgen heruntersetzte, aber doch die Kunst aus dem Stegreife zu sprechen so sehr bewunderte, [1271] dass er sich im Stillen darin angestrengt übte, indem er sich in ein kleines Zimmer einschloss. Bei dieser Übung wiederholte er Satz um Satz und Gedanken um Gedanken. Dies kommt mir aber vor, wie wenn einer immer kaut und nicht isst; denn eine Rede aus dem Stegreife ist eine Aufgabe für eine geläufige Zunge.

Manche werfen dem Aristides vor, er habe in seiner Rede[150], worin von den Miettruppen die Ländereien zurückverlangt werden, einen unbedeutenden Gedanken in dem Eingange ausgesprochen, er habe nämlich diesen Gegenstand so angefangen: „Werden diese Leute nie aufhören, uns Verlegenheiten zu bereiten?!"

Einige tadeln auch einen gezierten Ausdruck von ihm, welchen er demjenigen in den Mund legt, der die Befestigung Lakedämons missbilligt; hier heißt es: „Wir werden uns doch nicht hinter einer Mauer verstecken, die Natur der Wachteln[151] annehmend?!" Auch ein Sprichwort tadeln sie, das er eingeflochten und dadurch gegen den anständigen Ton der Rede verstoßen habe. Indem er nämlich den Alexander auch darum heruntersetzte, dass er in der Tüchtigkeit zu Unternehmungen nur seinen Vater nachahme, sagte er, er sei seines Vaters Sohn. Ebendieselben werfen ihm auch eine Spottrede vor, da er sagte, die einäugigen Arimaspen[152] seien Verwandte des Philippus, wie man es dem Demosthenes vorwarf, dass er in [1272] seiner Verteidigung vor den Griechen[153] von dem tragischen Affen und dem ländlichen Önomaus sprach.

Allein danach darf man den Aristides nicht beurteilen; sondern man muss ihn kennen lernen aus seinem Isokrates, wie er den Athenern rät, die Seeherrschaft aufzugeben, aus der Rede, in welcher einer dem Callixenus Vorwürfe darüber macht, dass er die 10 Feldherrn nicht begraben lasse[154], in welcher über die Angelegenheiten in Sizilien beratschlagt wird, in welcher Aeschines behauptet, er habe das Getreide von Kersobleptes nicht angenommen und in welcher sie das Bündnis ausschlagen nach Ermordung ihrer Kinder. An diesem letztern Gegenstande zeigt er uns am Besten, wie man gewagte und tragische Gedanken behandeln müsse. Noch mehrere andre Gegenstände sind mir bekannt, welche seine gründliche Gelehrsamkeit, Kraft und sittliche Haltung beweisen und nach diesen muss man ihn vielmehr beurteilen, als wenn er einmal etwas Ungeschicktes sagte und in Künstelei verfiel. Aristides war der Kunstgerechteste unter den Sophisten und viel mit Untersuchungen über die Kunstregeln beschäftigt, wodurch er auch von dem Reden aus dem Stegreife abgelenkt wurde: Denn wenn man alles nach den Kunstregeln ausdrücken will, so wird der Geist dadurch ganz in Anspruch genommen und es gebricht an der Geläufigkeit im Reden.

Nach einigen starb Aristides in seiner Heimat, nach andern in Ionien, nach einigen lebte er 60, nach andern nahe an 70 Jahre.

10. (1.) **Hadrianus aus Phönikien**, war gebürtig von Tyrus und wurde in Athen gebildet. Wie ich von meinen Lehrern hörte, kam er dahin zur Zeit des Herodes; er zeigte eine echt sophistische [1273] kräftige Anlage und es war nicht schwer zu merken, dass er es weit bringen werde. Er besuchte nämlich den Unterricht des Herodes ungefähr in seinem achtzehnten Jahre und wurde bald dem Skeptus und Amphikles gleich gestellt und den Zuhörern des Klepsydriums beigezählt. Mit dem Klepsydrium verhielt es sich also: Von des Herodes Schülern wurden zehn, welche einen Vorzug zu verdienen schienen, neben den Vorträgen, die vor allen gehalten wurden, noch (mit einem besondern Ohrenschmause) bewirtet, bis die nach der Wasseruhr (Klepsydra) für 100 Verse zugemessene Zeit verstrichen war, welche Herodes in einem Zuge vortrug, wobei er sich das Lob von seinen Zuhörern verbeten hatte und sich ganz allein mit dem Deklamieren abgab. Da er seinen Schülern aufgegeben hatte, sie sollen auch die Zeit des Trinkens nicht ungenützt hingehen lassen, sondern auch da beim Weine etwas ernsthaftes treiben, so trank Hadrianus mit den Genossen des Klepsydriums, wie ein Teilnehmer an einem großen Geheimnisse und als sie auf die eigentümliche Darstellung der einzelnen Sophisten zu sprechen kamen, trat Hadrianus mitten unter sie und sagte: „Ich will ihren Charakter schildern, nicht durch Anführung kurzer Sätze oder Gedanken, oder ganzer Abschnitte oder rhythmischer Perioden,

sondern ich will sie nachahmen und ihren Stil in fließender Darstellung und ohne Vorbereitung ausdrücken!" Als er nun den Herodes ausließ, fragte Amphikles, warum er ihren Lehrer übergehe, da er doch selbst seine Darstellung bewundre und wisse, dass auch sie dieselbe bewundern. Darauf erwiderte er: „Weil jene auch von einem Betrunkenen sich nachahmen lassen; bei Herodes aber, dem Könige der Beredsamkeit, bin ich zufrieden, wenn ich, ohne Wein getrunken zu haben und nüchtern ihn darstellen kann!" Als dies dem Herodes erzählt wurde, machte [1274] es ihm große Freude, da er überhaupt der Ruhmbegierde nicht immer widerstand.

Er lud auch einmal den Herodes ein, eine Rede aus dem Stegreife von ihm anzuhören, als er noch jung war und Herodes, der nicht, wie einige böslich behaupten, ihn tadelte und verhöhnte, sondern wie gewöhnlich und wohlwollend ihm zuhörte, ermunterte den Jüngling und sagte am Schlusse: „Dies sind große Bruchstücke von einem Kolosse!" Damit wollte er ihn zurechtweisen, weil er wegen seiner Altersstufe noch abgerissen und zu wenig zusammenhängend spreche, zugleich aber auch loben, als einen in Ausdruck und Gedanken erhabenen Redner. Nach Herodes Tode hielt er eine Rede auf ihn, wie sie dieses Mannes würdig war, sodass die Athener bei Anhörung derselben bis zu Tränen gerührt wurden.

(2.) Den Lehrstuhl in Athen betrat er so voll Freimütigkeit, dass er den Eingang zu seinem Vortrage nicht mit ihrer, sondern mit seiner Weisheit machte; er begann nämlich: „Wieder aus Phönikien kommen Wissenschaften!" Dieser Eingang verriet einen Mann, der die Athener in seiner Meinung übertreffe und vielmehr ihnen etwas Gutes gebe, als von ihnen erhalte. Mit großem Glanze stand er seinem Lehramte vor: Er trug ein kostbares Kleid, schmückte sich mit den geschätztesten Edelsteinen und fuhr zu seinen Lehrvorträgen auf einem Wagen mit silbernen Zügeln und wenn er sie beschlossen hatte, kehrte er gefeiert wieder zurück mit einer Begleitung von Griechen (d. h. Jünglingen, die griechische Bildung suchten) aus allen Gegenden. Sie verehrten ihn, wie die eleusinischen Geschlechter ihren Oberpriester, der mit großer Pracht opfert. Er gewann sie für sich durch Spiele, Trinkgelage, Jagden und Teilnahme an den griechischen Festversammlungen, indem er bald dieses, bald jenes jugendliche Vergnügen mit ihnen teilte. Daher waren sie [1275] gegen ihn gesinnt, wie Kinder gegen einen Vater, der liebreich und nachsichtig ihren jugendlichen Mutwillen mitmacht und ich weiß einige, die jedes Mal weinten, wenn sie an ihn erinnert wurden, andre, die seine Stimme, andre, die seinen Gang, andre, die seine schöne Kleidung nachahmten.

(3.) Einer gegen ihn erhobenen Klage wegen Mords entging er auf folgende Weise. Es war in Athen ein Mensch, der in der Sophistenkunst nicht ungeübt war. Wenn man diesem eine Amphora Wein, oder Zugemüse, oder ein Kleid, oder Geld schenkte, so konnte man leicht mit ihm auskommen, wie man hungrige Ziegen mit einem Ölzweige anlocken kann, wenn man sich aber nicht um ihn bekümmerte, so war er schmähsüchtig und schimpfte. Gegen Hadrianus hatte er sich öfters Beleidigungen erlaubt wegen seines sanftmütigen Charakters, den Sophisten Chrestus aus Byzantium aber hielt er in Ehren und Hadrianus ließ sich alles von ihm gefallen und nannte die Schimpfreden solcher Leute nur Wanzenstiche, seine Schüler aber konnten es nicht leiden und befahlen ihren Sklaven, ihn zu prügeln. Da ihm die Eingeweide schwollen, starb er nach 30 Tagen, hatte aber selbst zu seinem Tode Veranlassung gegeben, indem er während seiner Krankheit ungemischten Wein trank. Die Angehörigen des Verstorbenen klagten nun den Sophisten wegen Mords an bei dem Statthalter von Griechenland, weil er als Athener zu betrachten sei, da er einem Stamme und einer Gemeinde in Attika angehörte. Dieser aber verwarf die Anklage, weil der, welcher an den Schlägen gestorben sein sollte, weder von ihm eigenhändig, noch [1276] von seinen eigenen Sklaven geschlagen worden sei. Bei seiner Verteidigung kam ihm zweierlei zu Statten, einmal die griechische Jugend, welche unter Tränen ganz Außerordentliches von ihm sprach, dann das Zeugnis des Arztes wegen des Weins.

(4.) In der Zeit, als der Kaiser Markus nach Athen kam, um sich in die Mysterien einweihen zu lassen[155], war er schon im Besitze des sophistischen Lehrstuhls und Markus rechnete es unter die Merkwürdigkeiten Athens auch mit der Kunst dieses Sophisten bekannt zu werden; denn er hatte ihn zum Lehrer eingesetzt , ohne ihn vorher gehört und geprüft zu haben, sondern sich dabei nach seinem Rufe gerichtet. Da nun Severus, ein gewesener Konsul[156], ihm vorwarf, dass er die sophistischen Gegenstände mit übertriebener Begeisterung ausführe, weil er in gerichtlichen Reden seine Stärke besaß, so legte ihm Markus, um eine Probe anzustellen, als Aufgabe vor, wie Hyperides ganz allein auf die Ratschläge des Demosthenes achtete, als Philippus in Elatea war. Hadrianus trug diese Rede mit solcher Mäßigung vor, dass er doch auch hinter dem Schwunge des Polemo nicht zurückzubleiben schien. Der Kaiser bewunderte ihn und überhäufte ihn mit Auszeichnungen und Geschenken. Unter Auszeichnungen verstehe ich freie Beköstigung, den Vorsitz bei Spielen, Freiheit von Abgaben und Priesterstellen und alles, was einem Manne Ansehen verleiht, unter Geschenken aber Gold, Silber, Pferde, Sklaven und alles, was Reichtum verrät; mit diesen überschüttete er nicht nur ihn, sondern auch seine ganze Familie.

[1277] (5.) Als er auch den Lehrstuhl in Rom erhielt, zog er Roms Aufmerksamkeit so sehr auf sich, dass er auch denen, welche die griechische Sprache nicht verstanden, ein Verlangen einflößte, ihn zu hören. Man hörte ihm zu, wie einer schön schlagenden Nachtigall und staunte über seine wohlklingende Sprache, seine volltönende und biegsame Stimme und das Melodische in seiner prosaischen und doch modulierten Rede. So oft man daher den regelmäßigen Schauspielen zusah, bei welchen gewöhnlich Pantomimen vorkamen, standen jedes Mal, wenn derjenige, welcher den

Vortrag ankündigte, bei dem Schauplatze sich zeigte, von den Senatoren und von den Rittern nicht nur die auf, welche sich mit griechischer Literatur beschäftigten, sondern auch alle, welche in Rom nur in der einen (lateinischen) Sprache unterrichtet wurden und liefen in vollem Laufe in das Athenäum voll Eifer und schalten die, welche mit langsamen Schritten gingen.

(6.) Während er in Rom an einer Krankheit darniederlag, an welcher er auch starb, übertrug ihm Commodus das Amt eines kaiserlichen Geheimschreibers, mit einer Entschuldigung, dass es nicht schon früher geschehen sei. Hadrianus rief die Musen an, wie er zu tun pflegte, küsste das kaiserliche Schreiben und hauchte über demselben seinen Geist aus; so diente ihm diese Ehre zum Sterbekleide.

[1278] Er starb, gegen 80 Jahre alt, so sehr bewundert, dass er sogar von manchen für einen Zauberer gehalten wurde. Dass ein wissenschaftlich gebildeter Mann niemals zu Zauberkünsten sich verführen lassen werde, habe ich hinlänglich in dem Abschnitte über Dionysius [1,22, (2.) S. 1199f.] auseinandergesetzt. Hadrianus aber hat, denke ich, diesen Namen bei ihnen[157] bekommen, weil er in seinen Reden viel Wunderbares von den Gebräuchen der Magier sagte.

Man wirft ihm auch vor, er sei unverschämt in seinem Betragen gewesen; einer von seinen Schülern habe ihm nämlich Fische geschickt, die auf einem silbernen mit Gold verzierten Teller lagen, Hadrianus habe an dem Teller großes Wohlgefallen gefunden und ihn nicht zurückgegeben, sondern dem Übersender sagen lassen: „Das ist schön, dass du auch die Fische dazu schicktest!" Dies tat er aber, wie man erzählt, im Scherze zur Kurzweil gegen einen seiner Schüler, von dem er hörte, dass er seinen Reichtum auf eine filzige Weise gebrauche und gab den silbernen Teller zurück, nachdem er seinem Schüler durch diesen Witz eine gute Lehre gegeben hatte.

(7.) Dieser Sophist ist reich an Gedanken und erhaben und in der Behandlung des Gegenstandes sehr mannigfaltig; was er aus dem Trauerspiele entnahm, jedoch nicht geordnet und nicht kunstgerecht. Den Schmuck seines Vortrags entlehnte er von den alten Sophisten, bediente sich jedoch mehr des Volltönenden, als des Wohlklingenden, oft aber verfehlte er es in dem Hochtrabenden, wenn er in der Anwendung des Tragischen zu verschwenderisch war.

11. (1.) Gegen den Sophisten **Chrestus aus Byzantium** sind [1279] die Griechen ungerecht, dass sie ihn nicht achten, der doch von Herodes am besten unter allen Griechen gebildet wurde und selbst viele bewunderte Männer gebildet hat, unter welchen der Sophist Hippodromus und Philiskus und der Trauerspieldichter Isagoras waren und berühmte Redner, ein Nikomedes aus Pergamus, Aquila aus dem östlichen Gallien und Aristänetus

aus Byzantium und angesehene Philosophen, ein Kalläschrus von Athen und Sospis der Vorsteher des Altars (in Eleusis) und mehrere andre merkwürdige Männer.

Er lehrte noch zu den Zeiten des Sophisten Hadrianus und hatte 100 Zuhörer, welche ihm Unterrichtsgeld zahlten: Die besten unter ihnen waren die genannten. Als aber Hadrianus nach Rom versetzt wurde, beschlossen die Athener eine Gesandtschaft wegen Chrestus abzuschicken und den Lehrstuhl zu Athen vom Kaiser für ihn zu verlangen. Er aber trat in der Versammlung auf und hintertrieb die Gesandtschaft, indem er unter andern merkwürdigen Aussprüchen am Schlusse auch sagte: „Nicht die 10000 Drachmen machen den Mann aus!"

(2.) Obgleich er den Wein sehr liebte, wusste er sich doch frei zu erhalten von dem Übermut, dem Leichtsinn und der Rohheit, welche der Wein in den Herzen der Menschen hervorbringt und besaß so viel Nüchternheit, dass er auch, wenn er bis zum Hahnenschrei beim Trinkgelage geblieben war, ernste Studien begann, ehe er geschlafen hatte. Am meisten eingenommen war er gegen groß-[1280]sprecherische Jünglinge, wiewohl diese viel mehr, als die andern, in Beziehung auf Bezahlung des Unterrichtsgelds eintrugen. Als er daher den Diogenes von Amastra (in Sizilien) sah, der von Jugend an aufgeblasen an Statthalterschaften und an Paläste dachte und wie er Königen nahe stehen werde und sagte, ein gewisser Ägyptier habe ihm dies vorhergesagt, so wies ihn Chrestus darüber zurecht, nicht einmal seine eigenen Fehler verschweigend.[158]

(3.) Seine Darstellung ist mit allen Vorzügen des Herodes ausgeschmückt, jedoch steht er ihm in dem Treffenden nach, wie in der Malerei die Zeichnung, welche ohne Farben einen bloßen Umriss gibt; er wäre aber wohl zur gleichen Stufe der Vortrefflichkeit gekommen, wenn er nicht in seinem 50sten Jahre gestorben wäre.

12. (1.) Ob ich den **Pollux aus Naukratis** (in Ägypten) gelehrt oder ungelehrt nennen soll, oder aber, was vielleicht albern scheinen wird, beides zugleich, weiß ich selbst nicht. Wenn man nämlich die einzelnen Wörter bei ihm betrachtet, so war er in der Sprache des attischen Ausdrucks hinlänglich geübt, untersucht man aber die Darstellung in seinen Schulreden, so hat er nicht besser als andre das Attische verstanden. Folgendes muss man von ihm merken:

(2.) In der Kritik war Pollux ziemlich geübt, da er von seinem Vater unterrichtet wurde, der Kenntnisse von den kritischen Wissenschaften [1281] besaß; seine sophistischen Reden aber waren mehr das Werk einer gewissen Dreistigkeit, als der Kunst, indem er sich dabei auf sein Talent verließ; denn er hatte sehr gute Naturanlagen. Er war ein Schüler des Hadrianus aber gleich weit entfernt von seinen Vorzügen und Mängeln;

denn er sinkt nicht herunter und erhebt sich nicht, doch sind einige Tropfen Anmut seiner Rede beigemischt. Die Weise seiner Vorträge war folgende: „Proteus aus Pharos (Insel bei Alexandria in Ägypten) das homerische Wunder[159] hat viele und mannigfaltige Gestalten; denn er schwillt zu Wasser an, entzündet sich zu Feuer, ergrimmt in einen Löwen, verwandelt sich in ein Schwein, geht in eine Schlange über, stürzt sich in einen Panther und wenn er ein Baum wird, ist er belaubt." Zur Bezeichnung seiner Manier in den Schulreden wollen wir die Inselbewohner nehmen, welche ihre Kinder verkaufen um den Tribut zu bezahlen, da man annimmt, dieser Gegenstand sei von ihm am besten behandelt worden. Der Schluss dieser Rede lautet so: Ein Sohn schreibt von festem Lande aus Babylon an seinen Vater auf der Insel: „Ich bin ein Sklave des Königs, dem ich von einem Statthalter zum Geschenke gemacht wurde, aber weder ein medisches Pferd besteige ich, noch ergreife ich einen persischen Bogen; auch nicht in den Krieg, oder auf die Jagd ziehe ich aus, wie ein Mann, sondern ich sitze in dem Weibergemache und warte den Kebsweibern des Königs auf und der König zürnt darüber nicht; denn ich bin ein Verschnittener. Bei den Frauen bin ich wohlgelitten; denn ich beschreibe ihnen das griechische Meer und erzähle von den Merkwürdigkeiten der Griechen: Wie man in Elis die (olympische) Festversammlung feiert, wie in Delphi Orakel erteilt, was der Altar [1282] der Mitleidsgöttin in Athen zu bedeuten hat. Aber auch du, Vater, schreibe mir, wann in Lakedämon die hyakinthischen, in Korinth die isthmischen und in Delphi die pythischen Feste gefeiert wurden und ob die Athener im Seekriege Sieger sind. Lebe wohl und grüße mir meinen Bruder, wenn er noch nicht verkauft ist!"

Über diese Stelle von Pollux mögen unbestochene Zuhörer urteilen; unbestochene Zuhörer nenne ich solche, die weder für noch gegen ihn eingenommen sind. Er soll dies auch noch mit einer honigsüßen Stimme vorgetragen haben, mit welcher er auch den Kaiser Commodus so bezauberte, dass er den Lehrstuhl in Athen von ihm erhielt.

Er lebte gegen 58 Jahre und hinterließ bei seinem Tode einen zwar vollbürtigen, aber ungelehrten Sohn.

13. Cäsarea (jetzt Kaisarie) in Kappadokien, am Berge Argäus (jetzt Ardschische) ist die Heimat des Sophisten **Pausanias**. Er genoss den Unterricht des Herodes und war einer von den Genossen des Klepsydriums[160] , welche man gewöhnlich die Durstigen[161] nannte und obgleich er zu manchen Vorzügen des Herodes sich emporarbeitete und besonders in dem Reden aus dem Stegreife, so war doch seine Aussprache breit und wie es bei den Kappadokiern gewöhnlich ist, häufte er die Mitlaute, sprach die Längen kurz und die Kürzen lang. Daher nannte man ihn insgeheim einen Koch, der kostbare Zugemüse schlecht zubereite. Sein Stil in der Schulrede ist zu matt, doch besitzt er Kraft und verfehlt das Altertümliche nicht, wie man aus seinen Schulreden abnehmen kann; denn es sind deren viele, die er in

Rom hielt, wo er sein Leben beschloss und schon in hohem Alter starb [1283] und im Besitze des Lehrstuhls. Er nahm auch den Lehrstuhl in Athen ein und als er von da nach Rom wegging, schloss er seine Rede an die Athener sehr passend mit den Worten des Euripides[162]:

> Bring mich zurück, o Theseus, dass die Stadt ich seh'.

14. Der Sophist **Athenodorus** war in Rücksicht auf seine väterliche Abkunft der Edelste unter den Einwohnern **von Aenos** (in Thrakien), in Rücksicht auf seine Lehrer und seine Bildung der Ausgezeichnetste unter den in griechischer Weisheit Unterrichteten; denn er hörte den Aristokles noch als Knabe und den Chrestus, als er schon an Einsicht gereift war. Daher war seine Darstellung eine Mischung von der dieser beiden Männer, indem er Attisch redete und in ausführlichem Vortrage sprach.

Er lehrte in Athen zu gleicher Zeit mit Pollux und tadelte ihn in seinen Vorträgen als einen jugendlichen Schwätzer mit den Worten „Des Tantalus Gärten", indem er, wie mir scheint, das seichte und oberflächliche in seiner Sprache mit einer Vorstellung verglich, die ist und auch nicht ist.

Er war auch seinem Charakter nach ein würdevoller Mann und starb noch jung, sodass er durch die Schuld des Schicksals nicht zu größerem Ruhme gelangte.

15. (1.) Einen großen Namen unter den Sophisten hatte auch **Ptolemäus aus Naukratis** (in Ägypten); denn er gehörte zu denen, welche an dem Tempelgenusse in Naukratis[163] Anteil hatten, was wenigen Naukratiten zuteil wurde.

[1284]   Er war ein Schüler, jedoch kein Nachahmer des Herodes, sondern neigte sich mehr zu Polemo hin; denn den Schwung der Rede und die Stärke und das Sprechen in ausführlichem Vortrage, hat er aus Polemos Schule angenommen. Auch soll er mit ungewöhnlichem Flusse aus dem Stegreife gesprochen haben. In Rechtssachen und vor den Gerichten versuchte er sich, jedoch nicht so, dass er sich einen Namen dadurch erwarb.

Man gab ihm den Beinamen Marathon nach einigen, weil er in den marathonischen Gau in Attila aufgenommen war, oder nach andern, weil er in seinen Reden über Gegenstände aus Athens Geschichte diejenigen, welche bei Marathon gekämpft hatten, häufig erwähnte.

(2.) Einige werfen dem Ptolemäus vor, er verstehe nicht die Gegenstände zu beurteilen und wisse nicht, wo sie zur Verhandlung sich eignen und wo nicht. Als Beweis für diesen Vorwurf führen sie Folgendes an: Gegen die Messenier wird von den Thebanern eine Klage wegen Undankbarkeit vorgebracht, weil sie ihre Flüchtlinge nicht aufgenommen haben, als Theben von Alexander erobert wurde. Diesen Gegenstand, welchen Ptolemäus ausgezeichnet und so künstlich als möglich behandelt hat, bekritteln sie und sagen: „Wenn sie bei Alexanders Lebzeiten gerichtet werden, wer wird so kühn sein, die Messenier zu verurteilen? Wenn aber nach seinem Tode, wer so nachsichtig, dass er die Beschuldigung verwirft?" Die, welche ihm diesen Vorwurf machen, sehen nicht ein, dass die Verteidigung der Messenier durch Anrufung der Nachsicht geführt wird, indem sie den Alexander und die Furcht vor ihm, von welcher auch das übrige Griechenland nicht frei war, zu ihrer Entschuldigung anführen. Dies sei von mir zu seiner Verteidigung gesagt, um eine ungerechte und tückische Beschuldigung von ihm abzuwälzen; denn er war in der Tat ein sehr [1285] geschätzter Sophist und obgleich er sehr viele Völker besuchte und in vielen Städten verweilte, büßte er nirgends an seinem Ruhme ein und blieb nirgends hinter der Erwartung zurück, die man sich von ihm gemacht hatte; sondern wie auf einem glänzenden Wagen des Ruhmes fahrend, durchzog er die Städte.

Er starb in hohem Alter in Ägypten, nachdem er durch einen Fluss im Kopfe das Gesicht zwar nicht verloren, aber doch sehr daran gelitten hatte.

16. **Evodianus von Smyrna** stammte seinem Geschlechte nach von dem Sophisten Niketes, die ihm in seiner Vaterstadt übertragenen Würden erhoben ihn in die Reihe der Oberpriester und Waffenprätoren[164] und die Auszeichnungen, die er mit seiner Stimme (Beredsamkeit) errang, brachten ihn nach Rom und auf den dortigen Lehrstuhl. Als ihm auch noch die Aufsicht über die Schauspieler übertragen wurde, eine Klasse von Menschen, die anmaßend und schwer zu regieren sind, so schien er seinem Amte vollkommen gewachsen und über jeden Vorwurf erhaben.

Als ihm sein Sohn in Rom starb, brach er nicht in weibische oder unwürdige Klagen aus, sondern rief bloß dreimal: „O mein Sohn!" und ließ ihn dann begraben.

Bei seinem Sterben in Rom waren alle seine Angehörigen zugegen. Als sie nun sich beratschlagten, ob sie seine Leiche daselbst begraben, oder einbalsamieren und nach Smyrna bringen sollten, rief Evodianus: „Ich lasse meinen Sohn nicht allein!" Damit verordnete er auf eine des Weisen würdige Art, dass man ihn zu seinem Sohne begraben solle.

Er war ein Schüler des Aristokles und befasste sich mit der [1286] panegyrischen Beredsamkeit, in einem sauren Mischkruge[165] gleichsam eine trinkbare Flüssigkeit zusammenmischend. Einige behaupten, er sei auch Polemos Schüler gewesen.

17. Den Sophisten **Rufus von Perinthus** (in Thrakien jetzt Erekli) will ich nicht wegen seines Reichtums preisen, noch weil seine Familie viele Konsuln zählte, noch weil er die Feier der Panhellenien in Athen mit Ruhm besorgte; denn alles dieses, wenn auch noch mehr davon angeführt würde, verdient nicht mit seiner Weisheit verglichen zu werden; sondern seine Beredsamkeit soll ihn verherrlichen und die Einsicht, welche er besonders

bei den Gegenständen zeigte, die einen feinen Anstrich erfordern, der den Sinn nur durchschimmern lässt. In dieser Gattung von Reden erwarb er sich Bewunderung, fürs erste, weil sie Schwierigkeiten im Ausdrucke hat; denn bei den Gegenständen, welche jenen feinen Anstrich erfordern, bedarf es auf der einen Seite eines Zügels für das, was man sagt, auf der andern eines Stachels, für das, was man verschweigt: Fürs zweite, wie mich dünkt, auch wegen seines eigentümlichen inneren Wesens; denn er war offen von Charakter und ohne alle Ränke, wusste sich aber gut zu verstellen, wenn er auch keine natürliche Anlage dazu hatte.

Er hatte sich am Hellespont und an der Propontis große Reichtümer gesammelt und durch seine Reden aus dem Stegreife in Athen, Ionien und Italien großen Ruhm erworben, zog sich aber nirgends [1287] Feindschaft oder Hass von Seiten einer Stadt oder eines Mannes zu, sondern erntete überall die Früchte seiner Sanftmut.

Man erzählt auch von ihm, er habe seinen Körper durch Leibesübungen gestärkt und wie die Athleten immer die vorgeschriebene Nahrung genossen und den Körper in Anstrengungen geübt.

Er war ein Schüler des Herodes in seinem Knabenalter und des Aristokles in seinen Jünglingsjahren, und obgleich er von ihm hoch geschätzt wurde, rühmte er sich doch vorzüglich des Herodes, den er seinen Herrn und Meister nannte und die Zunge der Griechen und den König der Beredsamkeit (Vergl. S. 1273) und noch viel dergleichen. Er starb in seiner Heimat in einem Alter von 61 Jahren und hinterließ Söhne, von welchen ich nichts Großes zu sagen habe, als dass sie ihn zum Vater hatten.

18. **Onomarchus** der Sophist **von Andros** (eine der kykladischen Inseln, jetzt Andro) wurde zwar nicht bewundert, aber auch nicht verachtet. Er lehrte zu derselben Zeit, als Hadrianus und Chrestus in Athen unterrichteten. Als ein Nachbar von Asien wurde er von der ionischen Ausdrucksweise, welche besonders in Ephesus gepflegt wurde, wie von einer Augenkrankheit, angesteckt. Daher glaubten einige, er habe den Herodes nicht gehört, haben aber mit dieser Behauptung Unrecht; denn im Ausdrucke ist er zwar manchmal nicht rein, aus der schon angeführten Ursache, die einfache Darlegung der Gedanken aber ist echt herodisch und unaussprechlich anmutig. Man kann ihn beurteilen nach seinem Liebhaber eines Gemäldes, wenn anders diese meine Äußerung nicht als eine kindische erscheint, wo er also spricht: „O lebensvolle Schönheit in einem leblosen Körper: Welcher Gott [1288] denn hat dich geschaffen? Peitho, oder Charis, oder Eros selbst[166], der Schönheit Vater? Wie alles in dir in Wahrheit vereinigt ist! Die Ruhe des Gesichts, das Blühende der Farbe, das Feuer des Auges, das anmutvolle Lächeln, der Wangen Rot, vom Gehör eine Spur. Auch eine Stimme hast du, die immer sich hören lassen will; vielleicht sprichst du auch, aber nur wenn ich nicht da bin; Liebloser, Neidischer, gegen einen treuen Liebhaber Treuloser, nicht ein Wort hast du mich

vernehmen lassen! Daher will ich den für alle schöne Knaben von jeher schauerlichsten Fluch über dich aussprechen: Ich wünsche, dass du alt werdest!" Er starb nach einigen in Athen, nach andern in seiner Heimat, schon grau und dem Greisenalter sich nähernd. Er soll ein ziemlich bäurisches Aussehen gehabt haben, ähnlich dem rauhen Wesen des Markus von Byzantium[167].

19. **Apollonius von Naukratis** war als Lehrer ein Gegner des Heraklides, als dieser den Lehrstuhl zu Athen inne hatte. Seine Sprache war geschmackvoll und wohl gefeilt, aber zu wenig kräftig; denn es fehlte ihr an Abrundung und Begeisterung.

In Rücksicht auf Liebschaften war er ein loser Mensch und so wurde ihm aus einer ungesetzlichen Ehe ein Sohn geboren, Rufinus, welcher nach ihm als Sophist auftrat, aber nichts eigenes, nichts aus seinem Innern Geschöpftes vorbrachte, sondern sich an seines Vaters Schätze und Gedanken hielt. Als ihm darüber von einem verständigen Manne Vorwürfe gemacht wurden, sagte er: „Die Gesetze gestatten mir, meines Vaters Eigentum zu benützen!" Daraus er-[1289]widerte Jener: „Das gestatten die Gesetze, aber nur den Kindern aus gesetzlicher Ehe!"

Einige tadeln ihn auch wegen seiner Reise nach Makedonien, die er gegen Belohnung für eine nicht einmal in glänzenden Umständen befindliche Familie unternahm.

Jedoch von solchen Beschuldigungen wollen wir ihn entbinden; denn man könnte selbst unter den Hochweisen manche finden, die manches Unedle taten um des Geldes willen, jedoch bei diesem Apollonius ist dies nicht der Fall; denn sein Vermögen stand allen Griechen, die es bedurften, zu Gebote und er war auch nicht schwierig bei der Übereinkunft über das Unterrichtsgeld.

Er starb in seinem siebenzigsten Jahre zu Athen und hatte zum Sterbekleid (Vgl. S. 1178) das Wohlwollen aller Athener.

Er war zwar ein Schüler des Hadrianus und Chrestus, stand aber beiden so weit nach, wie diejenigen, welche sie gar nicht gehört haben. Er überdachte die Gegenstände, indem er die Versammlung verließ, aber übermäßig lange ausblieb.

20. (1.) **Apollonius von Athen** erwarb sich einen Namen bei den Griechen als ein tüchtiger Redner in der gerichtlichen Beredsamkeit und war in seinen Schulreden ohne Tadel.

Er unterrichtete in Athen zur Zeit des Heraklides und des Apollonius von Naukratis als öffentlicher Lehrer der Staatswissenschaft mit einem Talent Besoldung. Da er auch in den Staatsgeschäften sich auszeichnete, so verwaltete er nicht nur Gesandtschaften über die wichtigsten Angelegenheiten, sondern es wurden ihm auch Staatsämter übertragen, welche die Athener für die größten halten, das des [1290] Archon eponymos und des Waffenprätors[168] und die Verkündigung der Weiheworte (d. h. das Amt des Hierophanten) im Tempel der Demeter (zu Eleusis), als er schon alt war, wobei er zwar dem Heraklides, Logimus, Glaukus und ähnlichen Hierophanten an Stärke der Stimme nicht gleichkam, aber viele seiner Vorgänger an Würde, Erhabenheit und Pracht übertraf.

(2.) Als er zu dem Kaiser Severus in Rom als Gesandter kam, ließ er sich mit dem Sophisten Heraklides in einen Wettstreit in einer Schulrede ein, infolge dessen dieser der Befreiung von Staatsleistungen beraubt, Apollonius aber mit Geschenken beehrt wurde. Da nun Heraklides das unwahre Gerücht über Apollonius verbreitete, dass er sogleich nach Afrika gehen werde, als der Kaiser dort war und die ausgezeichneten Männer aus allen Ländern versammelte und zu ihm sagte: „Jetzt ist es an der Zeit für dich, die Rede gegen Leptines zu lesen!", so antwortete Apollonius: „Für dich vielmehr; denn sie handelt ja auch von der Befreiung von Staatsleistungen!"[169]

(3.) Den Grund zu seiner Beredsamkeit hat Apollonius in der [1291] Schule des Hadrianus gelegt, dessen Zuhörer er war, er verfällt aber doch in einen metrischen und anapästischen Numerus; wenn er diesen vermeidet, so ist sein Ausdruck erhaben und feierlich, dies kann man zwar auch in andern Reden finden, am meisten aber in seinem Kallias, wie er den Athenern abrät, die Leichen zu verbrennen. „Ja die Höhe halte, o Mensch, die Fackel! Was zwingst und unterdrückst und quälst du das Feuer? Vom Himmel stammt es, aus dem reinen Äther; zu dem verwandten Elemente steigt dieses Feuer auf. Es bringt nicht Tote hinunter, sondern Götter hinauf. Io! Prometheus, Fackelträger und Feuerbringer, wie wird dein Geschenk misshandelt! Mit fühllosen Toten wird es in Verbindung gesetzt. Eile ihm zu Hülfe, rette, entwende, wenn es möglich ist, das Feuer auch dort!" Diese Stelle habe ich angeführt, nicht um ihn zu entschuldigen wegen seines unsorgfältigen Tonfalls, sondern um zu zeigen, dass er auch mit gemäßigterem Tonfall nicht unbekannt war.

Er starb gegen 75 Jahre alt, nachdem er vor dem athenischen Volke viele Reden gehalten hatte und wurde begraben auf dem Platze in der Vorstadt an der Heerstraße nach Eleusis, welcher der heilige Feigenbaum heißt[170] und wo der eleusinische Festzug, wenn er in die Stadt geht, ausruht.

21. (1.) Auch den **Proklus von Naukratis** führe ich an, einen Mann, der mir wohl bekannt ist; denn er war auch einer von meinen Lehrern. Proklus also war kein unbedeutender Mann in Ägypten, da er aber sah, dass in Naukratis Parteiungen entstanden und dass man den Staat nicht mehr nach dem Herkommen verwalte, so suchte er die Ruhe in Athen. Er schiffte also heimlich weg und lebte da-[1292]selbst, im Besitze von vielem Geld, vielen Sklaven und überhaupt einer kostbaren Einrichtung, die er mitbrachte. Schon als Jüngling genoss er in Athen einen guten Ruf und

wurde noch viel berühmter in seinem Mannesalter, für's erste wegen seiner Lebensart, die er gewählt, dann, wie mich dünkt, auch wegen einer Wohltat, die er zwar nur einem Athener erwies, die aber einen Beweis lieferte von seinem edlen Charakter. Als er nämlich in den Piräeus einfuhr, fragte er dort jemand, ob ein gewisser Mann in Athen sich wohl befinde und ob es ihm gut gehe. Diese Frage betraf seinen Gastfreund, mit welchem er als Jüngling Umgang gepflogen hatte, als er auch den Hadrianus hörte. Da er nun erfuhr, er sei noch am Leben, werde aber jetzt gleich sein Haus verlieren, das auf dem Markte zu 10000 Drachmen feilgeboten werde, welche er darauf entlehnt halte, so schickte er ihm die 10000 Drachmen, ehe er noch in die Stadt ging und ließ ihm sagen: „Löse dein Haus ein, damit ich dich nicht traurig treffe!" Dies dürfen wir nicht nur als einen Beweis von einem reichen Manne betrachten, sondern auch von einem, der seinen Reichtum wohl gebraucht, eine gute Bildung genossen hat und die Freundschaftspflichten genau kennt.

(2.) Er besaß zwei Häuser in Athen, eines im Piräeus und ein anderes in Eleusis. Aus Ägypten erhielt er Weihrauch, Elfenbein, Salben, Papier, Bücher und andere Waren der Art. Diese verkaufte er an die, welche damit handelten, ohne sich jemals geldgierig oder filzig, oder nach größerem Vermögen begierig, oder auf Gewinn und Zinsen erpicht zu zeigen, sondern begnügte sich mit dem bloßen Kapital (das er darin stecken hatte).

Mit seinem Sohne, der eine übergroße Menge Hähne, Wachteln, [1293] Hunde, Hündchen und Pferde hielt, teilte er diese jugendliche Liebhaberei, statt ihn darüber zu tadeln und da man ihm allgemein Vorwürfe deswegen machte, sagte er: „Das Spielen mit Greisen wird schneller ein Ende nehmen, als mit Jünglingen!"

Nach dem Tode seines Sohnes und seiner Frau lebte er mit einer Beischläferin; denn auch die Augen eines Greisen lassen sich manchmal verführen. Diese hatte alle weiblichen Schwachheiten, und da er ihr ganz freie Hand ließ, wurde er für einen schlechten Wirtschafter gehalten.

(3.) Bei seinen Schulreden hatte er folgende Einrichtung getroffen: Wer einmal 100 Drachmen zahlte, konnte ihn allezeit hören.

Er hatte auch eine Büchersammlung in seinem Hause, welche denjenigen zur Benützung offen stand, welche sich zur Ergänzung seines mündlichen Unterrichts weitere Kenntnisse sammeln wollten. Damit wir (seine Schüler) einander nicht auspfeifen und verspotten sollten, was in den Schulen der Sophisten gerne geschieht, wurden wir in Masse hineingerufen und setzten uns dann sogleich, die Knaben mit ihren Aufsehern in der Mitte, die Jünglinge abgesondert. Dass er einen Vortrag hielt, gehörte zu den Seltenheiten, wenn er aber dazu kam, so schien er dem Hippias und Gorgias nachzuahmen. Die Schulreden pflegte er den Tag vorher zu überdenken und dann vorzutragen. Sein Gedächtnis war auch als er schon ein 90jähriger

Greis war, noch stärker, als das des Simonides[171]. Sein Ausdruck war natürlich, die einfache Darlegung der Gedanken echt hadrianeisch.

22. **Phönix aus Thessalien** verdient weder bewundert, noch auch ganz verachtet zu werden. Er war ein Schüler des Philager und vorzüglicher in der Erfindung, als im Ausdrucke; denn in seinen Ge-[1294]danken herrschte Ordnung und kein Gedanke war unpassend, sein Ausdruck aber war zu gedehnt und ermangelte des Numerus.

Er schien als Lehrer mehr für Anfänger geeignet, als für solche, die schon einige Fertigkeit besaßen; denn die Gegenstände traten nackt hervor und waren nicht mit dem Schmucke der Rede bekleidet.

Er starb in seinem 70sten Jahre in Athen und erhielt eine ehrenvolle Grabstätte; er liegt nämlich bei den im Kriege Gefallenen rechts von dem Wege nach der Akademie.

23. (1.) Ich komme nun auf einen sehr ausgezeichneten Mann zu reden, auf **Damianus von Ephesus** und übergehe Leute wie Soterus, Sosus, Nikander, Phädrus, Cyrus und Phylar; denn diese könnte man eher Possenreißer der Griechen nennen, als achtungswerte Sophisten. Die Voreltern des Damianus also waren ausgezeichnete Männer, und genossen in Ephesus großes Ansehen, aber auch seine Nachkommen stehen in großer Achtung; denn alle sind Mitglieder des Senats und werden hochgeehrt wegen ihres Ruhms und ihrer Geringschätzung des Geldes.

(2.) Auch Damianus selbst besaß mannigfaltigen und ansehnlichen Reichtum, er unterstützte damit nicht nur die Bedürftigen unter den Ephesiern, sondern nützte auch dem Gemeinwesen sehr viel, teils durch freiwillige Geldgeschenke, teils durch Wiederherstellung verfallener öffentlicher Werke. Er setzte auch den Tempel mit der Stadt in Verbindung, indem er den Gang durch das magnesische Tor bis zu demselben erbaute; dies ist eine Halle, ein Stadium lang, ganz von Stein. Die Absicht bei diesem Baue war, dass die Andächtigen nicht abgehalten werden, den Tempel zu besuchen, wenn [1295] es regnete. Dieses Werk, das er mit großen Kosten vollendete, stiftete er auf den Namen seiner Frau, den Speisesaal in dem Tempel aber auf seinen eigenen. Diesen machte er so groß, dass er alle an andern Orten übertraf und verlieh ihm einen über alle Beschreibung großen Glanz; denn er ist prächtig von phrygischem Marmor erbaut, wie noch keiner gebrochen worden war. Von seinem Reichtum einen guten Gebrauch zu machen, fing er schon als Jüngling an; als nämlich Aristides und Hadrianus, jener in Smyrna, dieser in Ephesus ihren Sitz genommen hatten, hörte er beide für 10000 Drachmen und sagte, viel lieber verwende er sein Geld auf solche Liebhabereien, als auf schöne Knaben und Mädchen, wie manche andere; und was ich von jenen beiden Männern aufgezeichnet habe, das habe ich von Damianus erfahren, der mit den Lebensumständen beider wohl bekannt war.

(3.) Einen Beweis von seinem Reichtume gab auch Folgendes: Erstens war alles, was er von Land besaß, mit fruchtbaren und schattigen Bäumen bepflanzt und auf seinen Gütern am Meere waren künstliche Inseln und Hafendämme, welche die Ankerplätze für die landenden und abfahrenden Lastschiffe sicherten, seine Häuser in der Vorstadt waren teils nach Art der Stadtwohnungen eingerichtet, teils grottenartig. Sodann war sein Benehmen bei den Gerichtshöfen von der Art, dass er nicht nach jedem Gewinn haschte, noch von jedermann etwas anzunehmen geneigt war; sondern denen, welche er als arm kannte, diente er mit seiner Beredsamkeit umsonst: Ebenso hielt er es auch bei seinen sophistischen Reden; denen nämlich, welche er als arm kannte, erließ er die Bezahlung für die Erlaubnis ihn zu hören, wenn sie aus fernen Ländern kamen, damit sie nicht unvermerkt sich aufzehrten.

(4.) Er war mehr sophistischer, als gerichtlicher und mehr ge-[1296]richtlicher, als sophistischer Redner. Als er das Greisenalter erreicht hatte, gab er beide Beschäftigungen auf, weil er mehr am Körper als am Geiste geschwächt war. Vor denen jedoch, welche durch seinen Ruhm gelockt nach Ephesus kamen, ließ er sich hören und so gestattete er auch mir, einmal, zweimal und zum dritten Mal ihn zu besuchen. Da fand ich denn einen Mann, ähnlich dem sophokleischen Pferde[172]; denn obgleich er durch das Alter entkräftet schien, so kehrte doch ein jugendliches Feuer bei seinen Reden zurück.

Er starb in seiner Heimat im 70sten Jahre seines Lebens und wurde auf einem seiner Güter in der Vorstadt begraben, wo er den größten Teil seines Lebens zugebracht hatte.

24. (1.) Die Vaterstadt des Sophisten **Antipater** war Hierapolis (im südlichen Phrygien), eine Stadt, die unter die blühendsten in Asien gezählt werden darf; sein Vater war Zeuxidemus, einer der angesehensten Männer daselbst. Er war ein Schüler des Hadrianus und Pollux, bildete sich aber mehr nach Pollux, indem er den Schwung in den Gedanken durch den Numerus im Ausdrucke lähmte. Er hörte auch den Zeno von Athen und lernte von ihm die Genauigkeit in der Rhetorik. Obgleich er im Sprechen aus dem Stegreife fertig war, so versäumte er es doch nicht, auch Reden auszuarbeiten, sondern trug uns olympische und panathenäische Reden vor; zur Geschichtsschreibung wählte er die Taten des Kaisers Severus, von welchem er gerade das Amt eines Geheimschreibers erhalten hatte und als solcher die kaiserlichen Schreiben in einem erhabenen Stile abfasste. Ich darf wohl behaupten, dass Viele in den Schulreden und in der Geschichtsschreibung ihn übertroffen haben, niemand aber in Abfassung der kaiserlichen Briefe, sondern dass er, wie ein ausgezeichneter [1297] tragischer Schauspieler, der das Stück richtig aufgefasst hat, der Person des Kaisers würdig sprach; denn es herrschte darin Deutlichkeit, Erhabenheit der Gesinnung, ein dem jedesmaligen Gegenstande angemessener Ausdruck

und eine angenehme Kürze und Abgerissenheit, welche einem Briefe vorzüglich zur Empfehlung gereicht.

(2.) Nachdem er zum Bürgervorsteher (oder Stadtvogt) erwählt war, wurde er Statthalter in Bithynien; weil er aber das Schwert zu gebrauchen gar zu geneigt schien, wurde ihm dieses Amt abgenommen.

Antipater wurde 68 Jahre alt und in seiner Heimat begraben. Sein Tod soll mehr Folge freiwilligen Hungers, als einer Krankheit gewesen sein.

Er wurde als Lehrer der Kinder des Severus verehrt und wir nannten ihn beim Lobe seiner Vorträge Lehrer der Götter. Als der Jüngere von ihnen (Geta von seinem Bruder Caracalla) ermordet worden war, weil er beschuldigt wurde, dass er seinem Bruder nach dem Leben trachte, so schrieb er an den Älteren einen Brief, welcher eine Klage um den Toten enthielt und den Jammerruf, ein Auge habe er noch von zweien und eine Hand; und welche er gelehrt habe, die Waffen für einander zu ergreifen, von diesen höre er jetzt, dass sie gegeneinander sie ergriffen haben. Dass dadurch der Kaiser (Caracalla) gegen ihn aufgebracht wurde, dürfen wir nicht unglaublich finden; denn auch einen Privatmann würde es aufbringen, wenn er den Glauben an eine Nachstellung (des Getöteten gegen den Überlebenden) nicht bezweifelt wissen wollte.

25. (1.) Sehr gepriesen wird in der Reihe der Sophisten auch **Hermokrates aus Phokäa** (in Lydien), weil er eine Kraft des Talents entwickelte, die alle übertraf, welche ich schildre. Obgleich er nämlich von keinem der bewunderten Sophisten Schüler war, sondern nur [1298] den Rufinus aus Smyrna gehört hatte, welcher die Sophistenkunst mehr mit Kühnheit, als mit Geschick behandelte, so besaß er doch die größte Mannigfaltigkeit unter allen Griechen nicht nur im Ausdrucke, sondern auch in der Erfindung und Anordnung und zwar nicht bloß in einigen Gegenständen, in andern aber nicht, sondern durchaus in allen, die er behandelte; denn auch in denjenigen, welche einen feinen Anstrich erfordern, der den Sinn nur durchschimmern lässt, war er Meister; denn er war reich in Erfindung von zweideutigen Ausdrücken und vermischte das deutlich Bezeichnete und das versteckt Ausgedrückte miteinander.

(2.) Sein Großvater war Attalus, der Sohn des Sophisten Polemo, sein Vater Rusinianus, aus Phokäa, ein angesehener Mann, welcher die Tochter des Attalus, Kallisto, heiratete. Nach seines Vaters Tode geriet er in Feindschaft mit seiner Mutter, die so unversöhnlich war, dass sie nicht einmal eine Träne um ihn vergoss, als er noch in seiner Jugend starb, wo doch selbst den erbittertsten Feinden die Rücksicht auf das Alter Mitleid einflößt. Wenn man dies nur so hört, so wird man es der Schlechtigkeit des Jünglings zur Last zu legen geneigt sein, dass seine Mutter nicht einmal um ihn trauerte; wenn man aber die Ursache erwägt, dass er nämlich mit seiner Mutter brach wegen ihrer Liebe zu einem Sklaven, so wird sich zeigen, dass er den Gesetzen gemäß handelte, welche um einer solchen Ursache willen sogar sie (die Mutter) zu töten gestatten, sie aber verdient, sogar von denen gehasst zu werden, welche nicht ihre Verwandten sind, weil sie sich selbst und ihrem Sohne eine solche Schmach bereitete.

(3.) Wenn nun aber Hermokrates von dieser Beschuldigung (dass er durch schlechte Aufführung die Liebe seiner Mutter verscherzt [1299] habe) freizusprechen ist, so wird er von der folgenden nicht freizusprechen sein. Sein beträchtliches Vermögen, das ihm sein Vater hinterließ, verschwendete er nicht dadurch, dass er Pferde hielt, oder Leistungen für den Staat besorgte, wodurch man doch auch sich einen Namen machen kann, sondern mit Weintrinken und mit Freunden, welche Stoff zu einem Lustspiele geben könnten, wie die Schmeichler des Kallias, des Sohns des Hipponikus, ihn gaben[173].

(4.) Als Antipater bereits das Amt eines kaiserlichen Geheimschreibers erlangt hatte und seine Tochter, die hässlich von Gestalt war, ihm zu vermählen wünschte, so sehnte er sich nicht nach dem Glück desselben, sondern als die Unterhändlerin ihn auf die Macht des Antipater verwies, die er damals besaß, sagte er sogar, nie werde er der Sklave einer großen Mitgift und eines stolzen Schwähers sein. Seine Verwandten drängten ihn zwar zu der Heirat und empfahlen ihm wiederholt den Antipater als einen wichtigen Mann, er aber gab nicht eher nach, als bis ihn der Kaiser Severus in das Morgenland kommen ließ und ihm das Mädchen zur Frau gab. Einer seiner Verwandten fragte ihn damals, wann er die Entschleierung vornehmen werde[174], worauf Hermokrates sehr witzig erwiderte: „Die Verschleierung, wenn ich eine solche Frau bekomme." Bald nachher nahm er die Scheidung vor, da er sah, dass sie nicht bloß hässlich, sondern auch widerwärtig in ihrem Betragen war.

(5.) Als der Kaiser den Hermokrates hörte, bewunderte er ihn ebenso sehr, als seinen Großvater und erlaubte ihm, sich Auszeich-[1300]nungen (Vgl. II, 10, 4; S. 1276) auszubitten. Hermokrates erwiderte: „Ehrenstellen, Abgabenfreiheit, freie Beköstigung, die verbrämte Toga und Priesterstellen hat mein Großvater uns, seinen Nachkommen, hinterlassen; was sollte ich also heute dich um Dinge bitten, die ich schon so lange besitze? Da mir aber von Asklepios in Pergamus verordnet ist, ein Rebhuhn zu essen, das mit Weihrauch geräuchert ist, diese Spezerei aber bei uns gegenwärtig etwas so Seltenes ist, dass ein Opferkuchen (aus Gerstenmehl und Honig) und Lorbeerblätter den Göttern als Rauchopfer dargebracht werden, so bitte ich dich um 50 Talente Weihrauch, damit ich dadurch den Göttern zu dienen (opfern) und mich desselben (zur Erlangung meiner Gesundheit) zu bedienen vermöge!" Der Kaiser gab ihm den Weihrauch unter Lobeserhebungen und sagte, er müsse sich schämen, dass er um etwas so geringes gebeten worden sei.

(6.) Bei seinen Schaureden war dem Hermokrates der Ruhm seines Großvaters von Nutzen; denn es liegt im Wesen des Menschen, dass man die Vorzüge mehr bewundert, die sich von den Vätern auf die Kinder vererben. Daher ist ein Sieger in den olympischen Spielen berühmter, wenn er aus einer Familie stammt, welche solche Sieger zählt, ein Krieger geehrter, dessen Vorfahren im Kriege gewesen sind, die Lebensweise angenehmer, welche in der Familie des Vaters und der Voreltern herrschte und die Künste geschätzter, welche sich forterben. Ebenso war ihm seine schöne Gestalt von Nutzen; denn er war voll Anmut und bildschön, wie ein Jüngling in seinen besten Jahren. Auch seine jugendliche Unerschrockenheit vor der versammelten Menge erregte Bewunderung bei den Leuten, wie die Menschen überhaupt diejenigen bewundern, welche etwas Großes [1301] ohne Angst verrichten. Auch trug dazu bei seine fließende Rede, seine volltönende Stimme und dass er die Gegenstände in einem Augenblicke überdacht hatte, und dass sowohl das, was er ablas, als was er frei sprach, in Rücksicht auf Erfindung und Ausdruck reifer schien, als man von einem Jünglinge erwarten sollte.

Schulreden gibt es von Hermokrates vielleicht 8 bis 10 und eine nicht lange Rede, welche er in Phokäa auf den panionischen Mischkrug[175] hielt. Ich darf wohl behaupten, dass niemand diesen Jüngling an Beredsamkeit übertroffen haben würde, wenn ihn nicht die Missgunst des Schicksals weggerafft hätte, ehe er in das Mannesalter trat. Er starb nach einigen 28, nach andern 25 Jahre alt, und fand eine Ruhestätte in der heimischen Erde und den Gräbern seiner Voreltern.

26. (1.) Ein sehr ausgezeichneter Mann war auch **Heraklides aus Lykien** schon wegen seiner Verhältnisse in seiner Heimat; denn er stammte von edlen Voreltern ab und war lykischer Oberpriester, ein Amt, das, obwohl in einer unbedeutenden Provinz, doch bei den Römern in hohen Ehren stand, wie ich mir denke, wegen einer alten Bundesgenossenschaft (im mithridatischen Kriege); am Ausgezeichnetsten aber war Heraklides als Sophist; denn er war Meister in der Erfindung und im Ausdrucke, in der gerichtlichen Beredsamkeit nicht geziert und beim Vortrage erhabener Gedanken nicht übermäßig begeistert.

(2.) Nachdem er den Lehrstuhl in Athen verlassen hatte, weil [1302] die Schüler des Apollonius von Naukratis sich gegen ihn erhoben, unter denen Markianus von Doliche die Hauptrolle spielte, wandte er sich nach Smyrna, das unter allen Städten am meisten den Musen der Sophisten opferte.

Dass die Jugend aus Ionien, Lydien, Phrygien und Karien nach Ionien strömte, um seinen Unterricht zu genießen, ist nichts Erstaunliches, da für alle diese Länder Smyrna ganz nahe gelegen ist, aber er zog auch aus Europa die nach griechischer Bildung Begierigen dahin und die Jünglinge aus dem Morgenlande und viele Ägyptier die ihn gehört hatten, da er mit

Ptolemäus aus Naukratis in Ägypten einen Wettstreit in der Redekunst einging. Er brachte so in ganz Smyrna ein reges Leben hervor, aber auch mehrfachen weiteren Nutzen verursachte er der Stadt, wie ich zeigen will. Eine Stadt, welche auf viele Fremde angewiesen ist, zumal solche, welche die Gelehrsamkeit lieben, wird in ihrem Senate und ihren Volksversammlungen vernünftige Beschlüsse fassen, weil sie sich hüten muss, vor vielen und zwar tüchtigen Männern schlecht befunden zu werden; sie wird für Tempel, Übungsplätze, Brunnen und Hallen Sorge tragen, damit sie den Bedürfnissen der Menschenmenge genügen kann; und wenn sie auch noch eine Seestadt ist, wie Smyrna, so wird auch das Meer den Leuten viele Vorteile gewähren. Er trug auch zur Verschönerung von Smyrna bei, indem er einen Ölbrunnen in dem Übungsplatze des Asklepios einrichtete mit einer goldenen Bedeckung. Auch das Amt eines Stadtvorstehers verwaltete er daselbst, nach welchem die Smyrnäer die Jahre benennen.[176]

(3.) Vor dem Kaiser Severus soll er in einer Rede aus dem Stegreife stecken geblieben sein, weil er durch den Hof und die Tra-[1303]banten eingeschüchtert war. Wenn dies einem öffentlichen Redner begegnete, so möchte es ihm vielleicht zum Vorwurfe gereichen; denn die öffentlichen Redner sind ein keckes und dreistes Volk; ein Sophist aber, der den größten Teil des Tages mit jungen Leuten den Wissenschaften obliegt, wie wird der sich der Einschüchterung erwehren können? Bei einer Rede aus dem Stegreife stört schon ein Zuhörer durch sein ernsthaftes Gesicht, ein verzögertes Lob, oder wenn das gewohnte Beifallklatschen nicht erfolgt. Wenn der Redner aber auch noch merkt, dass der Neid ihm auflauert, wie Heraklides dies von Antipater damals argwohnte, so werden ihm Gedanken und Worte sparsamer zufließen; denn ein solcher Verdacht umnebelt den Verstand und fesselt die Zunge.

(4.) Weil er heilige Zedern umhauen ließ, soll er mit Einziehung des größten Teils seines Vermögens bestraft worden sein. Als er damals aus dem Gerichtshofe wegging, begleiteten ihn seine Bekannten, trösteten ihn und sprachen ihm zu. Da nun einer von ihnen sagte: „Die Beredsamkeit wird dir doch niemand nehmen, Heraklides und den dadurch erlangten Ruhm!" und den Vers auf ihn anwendete:

Einer doch wird übrig behalten den Räumen —[177];

[1304] so sagte (ihn unterbrechend) Heraklides: „des Fiskus", und scherzte so sehr witzig über sein Unglück.

(5.) Er scheint am meisten unter allen Sophisten seine Kunst durch Anstrengung sich erworben zu haben, da die Natur ihn nicht begünstigte und es ist von ihm eine artige Schrift vorhanden, von nicht sehr großem Umfange, welche überschrieben ist „Lob der Anstrengung". Mit diesem Buche in der Hand begegnete er dem Sophisten Ptolemäus in Naukratis. Dieser fragte ihn, was er studiere und als er antwortete, es sei ein Lob der

Anstrengung, so bat Ptolemäus um das Buch, wischte das π (p)[178] aus und sagte: „Jetzt musst du den Titel lesen!" Auch in den Vorträgen, welche Apollonius von Naukratis gegen ihn hielt, wird er ein matter und langsamer Kopf gescholten.

(6.) Als Lehrer des Heraklides nennt man Herodes, der aber nicht mit Recht dafür gehalten wird, Hadrianus und Chrestus, welche es wirklich gewesen sind; dass er auch den Aristokles gehört habe, wollen wir nicht bezweifeln.

Er soll einen hungrigen Magen gehabt und sehr viel gegessen haben; dieses Vielessen habe ihm aber nichts geschadet. Er starb wenigstens in einem Alter von mehr als 80 Jahren bei ungeschwächtem Körper. Sein Grab wird Lykien genannt. Er hinterließ eine Tochter und Freigelassene, die nicht viel taugten und von welchen seine Rhetorik als Erbe eingetan wurde. Diese Rhetorik war nämlich ein Landgut im Werte von 10 Talenten, das er sich bei Smyrna von dem durch seine Vorträge erworbenen Gelde gekauft hatte.

[1305] 27. (1.) Keinem von den bisher genannten Sophisten darf **Hippodromus** aus Thessalien nachgesetzt werden; denn die einen übertrifft er offenbar, den andern steht er meines Wissens in nichts nach.

Seine Vaterstadt war Larissa, eine blühende Stadt in Thessalien; sein Vater Olympiodorus, der als Pferdezüchter alle Thessalier übertraf.

(2.) In Thessalien galt es für etwas Großes, auch nur einmal bei den pythischen Spielen den Vorsitz zu führen, Hippodromus aber führte ihn zweimal bei den pythischen Wettkämpfen und übertraf die früheren Vorsitzer durch Reichtum und Glanz in Anordnung der Spiele, durch Erhabenheit der Gesinnung und Unparteilichkeit in gerechter Verteilung der Kampfpreise. Sein Verfahren wenigstens mit dem tragischen Schauspieler ließ keinem andern die Möglichkeit übrig, ihn an Gesinnung und Gerechtigkeit zu überbieten. Clemens von Byzantium nämlich war ein Künstler, wie noch keiner gewesen war. Obgleich er nun den Sieg davontrug zu der Zeit, als Byzantium belagert wurde, erhielt er doch den Siegespreis nicht, damit es nicht den Anschein hätte, als ob in einem Manne eine Stadt durch den Herold als Siegerin ausgerufen würde, die gegen die Römer die Waffen ergriffen hatte[179]. Als er nun auch bei den Amphiktyonien seine Rolle am besten spielte, erkannten ihm die Amphiktyonen den Sieg nicht zu aus Furcht vor dem eben angeführten Vorwurfe; Hippodromus aber sprang in heftiger Bewegung auf und sagte: „Diese [1306] hier verwerfe ich als Richter, da sie meineidig handeln und ein ungerechtes Urteil fällen und ich erteile dem Clemens den Siegespreis!" Da nun der andere Schauspieler sich auf die Entscheidung des Kaisers berief, so wurde das Urteil des Hippodromus bestätigt; denn auch in Rom siegte der Byzantier.

(3.) Obgleich er aber vor dem Volke sich so heftig betrug, so bewies er doch in seinen Schaureden eine bewundernswürdige Sanftmut; denn da die Kunst schon vorher in Selbstliebe und Prahlerei versunken war, so sprach er nie von seinem eigenen Lobe und tadelte die übertriebenen Lobpreisungen. Als daher einmal die Griechen ihm sehr viel Schmeichelhaftes zuriefen und ihn sogar dem Polemo gleichstellten, sagte er:

„Was vergleichst du mich mit den Göttern?"[180]

Damit entzog er auf der einen Seite dem Polemo die Ehre nicht für einen göttlichen Mann gehalten zu werden, auf der andern duldete er nicht, dass man ihn selbst einem solchen gleichstelle. Als ferner Proklus Pompejanus von Naukratis, der eine Rede schrieb, welche die Spuren des Greisenalters an sich trug, gegen alle, welche zu Athen lehrten und auch den Hippodromus in dieser Schmährede aufführte, so glaubten wir, wir werden von ihm eine Rede zu hören bekommen, welche in eben dem Tone, wie das (von Proklus) Gesagte verfasst sei; er aber sprach nichts Nachteiliges von demselben, sondern hielt eine Lobrede auf die Eigenschaft, Gutes von andern zu sagen, indem er mit dem Pfauen anfing, wie das Lob ihn veranlasse, seine Federn auszubreiten.

Auf diese Art also betrug er sich gegen schon ältere Männer und [1307] solche, die viele oder wenige Jahre vor ihm voraus hatten; wie er sich aber gegen Leute von seinem Alter benahm, kann man aus Folgendem sehen. Ein Jüngling, welcher aus Ionien nach Athen kam, hielt eine Lobrede auf Heraklides mit einer bis zum Ekel gehenden Übertreibung. Als ihn nun Herodes unter seinen Zuhörern erblickte, sagte er: „Dieser Jüngling liebt seinen Lehrer. Es ist daher verdienstlich, ihm in seiner Liebhaberei behilflich zu sein; denn schon dann würde er mit Gewinn wieder fortgehen, wenn er eine Lobrede halten lernte!" und nach diesen Worten sprach er eine Lobrede auf Heraklides, wie noch keine auf ihn gehalten worden ist.

Dass er um Diodotus aus Kappadokien Tränen vergoss und Trauerkleider anlegte, da dieser ein für die Schulrede geeignetes Talent entwickelt hatte und noch als Jüngling gestorben war, bezeugte, dass Hippodromus ein Vater der nach griechischer Bildung Begierigen war und Vorsorge trug, dass es auch nach ihm vorzügliche Männer gebe. Dies hat er vorzüglich in Olympia bewiesen. Dem Philostratus aus Lemnos nämlich, der sein Schüler war und in einem Alter von 22 Jahren eine Rede aus dem Stegreife zu halten wagte, gab er viele Regeln über die Kunst, eine Lobrede zu halten, was er sagen und verschweigen sollte. Als nun die Griechen verlangten, auch Hippodromus solle gleich nach ihm auftreten, so sagte er: „Ich werde mich nicht in einen Kampf mit meinen eigenen Eingeweiden (d. h. meinem Schüler) einlassen!" Demgemäß verschob er seine Rede auf den Tag des Opfers.

Dies also mag beweisen, dass er ein gebildeter, menschenfreundlicher und sanfter Mann war.

(4.) Nachdem er auf dem sophistischen Lehrstuhle in Athen 4 Jahre lang gesessen hatte, wurde er von seiner Gattin und seinem Reichtume veranlasst, ihn zu verlassen; diese war nämlich eine sehr [1308] tätige Frau und eine gute Haushälterin und weil sie beide von Hause entfernt waren, kam ihr Vermögen herunter. Doch versäumte er nicht, die griechischen Festversammlungen zu besuchen, sondern begab sich oft dahin, teils um sich hören zu lassen, teils um nicht vergessen zu werden; und zu noch größerer Ehre in dieser Beziehung gereichte es ihm, dass er auch, nachdem er aufgehört hatte zu lehren, immer studierte. Denn Hippodromus lernte am meisten unter allen Griechen auswendig, wenigstens unter denen, welche nächst Alexander aus Kappadokien ein glückliches Gedächtnis hatten und las am meisten nächst dem Peripatetiker Ammonius; denn einen beleseneren Mann als diesen lernte ich noch nicht kennen. Die Beschäftigung mit den Wissenschaften vernachlässigte Hippodromus nie, weder wenn er sich auf seinen Gütern aufhielt, noch wenn er eine Reise zu Lande oder auf dem Meere machte, sondern nannte sie ein weit köstlicheres Gut, als Reichtum, mit den Worten des Euripides und Amphion.

(5.) Während sein Äußeres etwas bäurisch war, verriet sich etwas unbeschreiblich Edles in seinen Augen, in seinem lebhaften und muntern Blick. Dies hat auch Megistias von Smyrna, wie er selbst sagt, an ihm bemerkt, welcher für einen der besten Physiognomen galt. Hippodromus kam nämlich nach des Heraklides Tode nach Smyrna, wo er vorher noch nie gewesen war und als er aus dem Schiffe gestiegen war, ging er auf den Markt, ob er vielleicht einen treffe, der in der heimischen Beredsamkeit gebildet wäre. Da er nun einen Tempel sah und Knabenaufseher dabeisitzen und Sklaven, welche eine Masse von Büchern in umgehängten Taschen trugen, so merkte er, dass einer von den vorzüglichen Lehrern darin lehre und ging hinein, begrüßte den Megistias und setzte sich, ohne etwas zu [1309] fragen. Megistias also glaubte, er werde über einen seiner Schüler mit ihm reden wollen und sei vielleicht ein Vater oder Erzieher eines oder des andern Knaben, und fragte ihn, weswegen er gekommen sei, worauf Hippodromus antwortete: „Das wirst du erfahren, wenn wir allein sind!" Megistias prüfte also seine Schüler und sagte dann: „Was willst du?" Hippodromus antwortete: „Wir wollen die Kleider mit einander wechseln!" Hippodromus trug nämlich ein Reisekleid, Megistias aber einen langen Mantel. „Und was soll dies bedeuten?" sagte Megistias. „Ich will mich", erwiderte jener, „in einer Schulrede vor dir hören lassen!" Megistias glaubte, er sei verrückt, dass er ihm dieses Anerbieten mache und nicht bei Verstande, als er aber den Blick seiner Augen betrachtete und sah, dass er bei Sinnen und vernünftig sei, so tauschte er die Kleider mit ihm; und als er einen Gegenstand verlangte, legte er ihm die Aufgabe vor, wie ein Magier zu sterben wünscht, weil er einen ehebrecherischen Magier nicht töten konnte. Als er aber, nachdem er sich auf den Lehrstuhl gesetzt und ein wenig gewartet hatte, wieder aufsprang, kam dem Megistias der Gedanke an

Raserei noch stärker und er hielt seine Lebhaftigkeit für Verrücktheit. Nachdem er jedoch seine Rede mit den Worten begonnen hatte: „Jetzt habe ich mich gefunden!", so geriet Megistias vor Staunen außer sich, lief auf ihn zu und bat inständig, er möchte ihm sagen, wer er sei. „Ich bin", war die Antwort, „Hippodromus aus Thessalien und komme, um mich bei dir zu üben, damit ich von einem Manne, der es versteht, die Art des ionischen Vortrags vollständig lerne. Aber lass mich die Rede vollenden!" Gegen das Ende der Rede entstand ein Laufen von den wissenschaftlich Gebildeten in Smyrna nach dem Hause des Megistias, da sich schnell die Nachricht allgemein verbreitet hatte, dass Hippodromus in ihren Mauern sei. Er nahm also den Gegenstand wieder von vorne auf [1310] und behandelte die schon vorgetragenen Gedanken auf eine neue künstliche Weise.

Als er öffentlich in Smyrna auftrat, fand er allgemeine Bewunderung und wurde für würdig geachtet, den älteren Sophisten beigezählt zu werden.

(6.) In seinen Vorträgen nahm er sich Plato und Dion zum Muster, in seinen Schulreden herrschte die Kraft des Polemo und oft noch mehr Anmut; seine Darstellung war so fließend, wie bei denen, welche etwas ohne Mühe vorlesen, womit sie sehr gut bekannt sind.

Der Sophist Nikagoros hatte das Trauerspiel die Mutter der Sophisten genannt, Hippodromus berichtigte diesen Ausspruch und sagte: „Ich nenne Homer ihren Vater." Auch den Archilochus studierte und benützte er fleißig und nannte den Homer die Stimme der Sophisten, den Archilochus ihren Geist.

Schulreden gibt es von ihm ungefähr 30; die besten darunter sind die Katanäer, die Skythen und sein Demades, wie er abrät, von Alexander abzufallen, als er in Indien war. Man lobt auch seine lyrischen Hymnen[181], denn auch mit der hymnischen Lyrik befasste er sich.

Er starb gegen 70 Jahre alt in seiner Heimat und hinterließ einen Sohn, der zwar ein Landgut und Hauswesen zu besorgen taugte, aber dumm und ohne Verstand und in der Kunst der Sophisten nicht gebildet war.

[1311] 28. Diejenigen, welche den **Varus von Laodikea** für wert halten, von ihm zu sprechen, verdienen selbst nicht, dass man von ihnen spricht; denn er ist seicht, breit und einfältig und verderbt den Wohlklang, den seine Sprache hat, durch einen musikalischen Periodenbau, nach welchem ein mutwilliger Mensch sogar tanzen könnte. Was soll ich also einen Lehrer oder Schüler von ihm nennen? Was von ihm sagen? Da ich wohl weiß, dass niemand so etwas lehren würde und denen, welche es gelernt hätten, ein solcher Unterricht Schande brächte.

29. Der Sophist **Quirinus** stammte **aus Nikomedien** (in Bithynien, jetzt Ismid) und von einem weder angesehenen noch verachteten Geschlechte. Er besaß gute Anlagen zur Erlernung der Wissenschaften und noch bessere, sie zu lehren; denn er übte nicht bloß das Gedächtnis,

sondern auch die Deutlichkeit. Dieser Sophist liebte kurze Sätze und war bei allgemeinen Untersuchungen nicht sehr ausführlich, aber kräftig und heftig und vermochte die Ohren der Zuhörer zu erschüttern; denn er sprach auch aus dem Stegreife: Da er aber mehr Talent für die Anklage hatte, so wurde ihm vom Kaiser das Amt eines Anwalts bei dem kaiserlichen Schatze übertragen.

Auch nachdem er so ein einflussreicher Mann geworden war, zeigte er sich nicht hart noch übermütig, sondern mild und blieb sich gleich, noch geldgierig, sondern wie die Athener von Aristides rühmen, dass er nach Vollendung des Ansatzes der Tribute und Verwaltung der Inseln in seinem alten Mantel zurückgekehrt sei, so kam auch Quirinus in seine Heimat, wegen seiner Armut geehrt. Als diejenigen, welche dergleichen Vergehen anzuzeigen hatten, ihm vorwarfen, er [1312] sei nachsichtiger (im Richten), als sie im Anzeigen, so antwortete er: „Nun wäre es ja viel besser, wenn ihr meine Nachsicht annähmet, als ich eure Strenge!" Da sie ihm auch eine Anzeige machten wegen einer nicht bedeutenden Stadt, wobei es sich um viele Tausend Drachmen handelte, so gewann zwar Quirinus den Rechtsstreit, der ihm sehr missliebig war; als aber jene Leute zu ihm kamen und sagten: „Dieser Rechtsstreit wird dich zu hohen Ehren bringen, wenn er vor die Ohren des Kaisers kommt!", so erwiderte Quirinus: „Nicht mir, sondern euch steht es an, dafür, dass ihr eine Stadt zugrunde gerichtet habt, euch belohnen zu lassen!" Als ihn seine Verwandte über den Tod seines Sohnes trösteten, sagte er: „Wann sonst, als jetzt, werde ich als Mann erscheinen?"

Er war ein Schüler des Hadrianus, billigte jedoch nicht alles von ihm, sondern einiges verwarf er sogar als nicht richtig.

Das Ziel seines Lebens fand er in seinem 70sten Jahre und sein Grab in seiner Heimat.

30. **Philiskus aus Thessalien** war mit Hippodromus verwandt und saß auf dem Lehrstuhle zu Athen 7 Jahre lang, ohne die damit verbundene Freiheit von Staatsleistungen zu genießen. Wie dies zuging, muss ich notwendig erzählen. Die Bewohner von Heordäa in Makedonien verlangten von Philiskus die bei ihnen gewöhnlichen Staatsleistungen, wie es ihnen zustand gegen alle, die von mütterlicher Seite her ihnen angehörten und beriefen sich, als er sie verweigerte, auf die Entscheidung des Kaisers.[182] Er reiste also, da der [1313] Streit vor den Kaiser kam, — damals regierte Antoninus, der Sohn der Philosophin Julia[183] — nach Rom, um seine Angelegenheiten in Ordnung zu bringen, rannte bei den Mathematikern und Philosophen in der Umgebung der Julia herum und erhielt durch sie von dem Kaiser den Lehrstuhl in Athen. Wie aber die Götter von Homer dargestellt werden, dass sie einander nicht alles gerne zu Gefallen tun, sondern manches auch ungerne, so war auch der Kaiser unwillig und böse auf ihn, als einen Menschen, der durch Herumlaufen ihn hintergangen habe

und als er hörte, dass Philiskus einen Rechtsstreit habe, bei welchem er selbst Zuhörer sein werde, so befahl er dem Vorstand des kaiserlichen Gerichtshofs, ihm anzukündigen, er solle seinen Rechtsstreit nicht durch andere, sondern in eigener Person ausfechten. Als nun Philiskus in dem Gerichtshofe erschien, so missfiel dem Kaiser sein Gang und seine Stellung, sein Aufzug schien ihm nicht anständig, seine Stimme halb weibisch, seine Aussprache nachlässig, und sein Blick mehr auf anderes gerichtet, als auf seine Gedanken. Daher wandte sich der Kaiser gegen Philiskus, ließ ihn nicht recht zum Worte kommen, indem er während der ganzen Rede in der ihm zugemessenen Zeit sich einmischte und kleine Fragen an ihn richtete. Und als die Antworten des Philiskus nicht auf die Fragen erfolgten, sagte der Kaiser: „Den Mann verrät sein Haar, den Redner seine Stimme!" und nach vielen dergleichen Spöttereien sprach er sich für die Herodäer aus. Philiskus erwiderte hierauf: „Du hast mir Freiheit von allen Staatsleistungen erteilt, indem du mir den Lehrstuhl zu Athen ver-[1314]liehen hast!"; allein der Kaiser rief mit lauter Stimme: „Weder du bist davon befreit, noch sonst einer von den Lehrern; denn nie werde ich um kleiner und elender Reden willen den Städten solche Leute entziehen, welche Staatsleistungen übernehmen können!" Dennoch aber verwilligte er nachher dem Philostratus aus Lemnos in seinem 24sten Lebensjahre Freiheit von Staatsleistungen wegen einer Schulrede. Dies also ist die Ursache, um deren willen dem Philiskus das Vorrecht der Befreiung von Staatsleistungen entzogen wurde.

Aber das Fehlerhafte in seinem Blicke, seiner Aussprache und seiner Haltung soll ihm den Ruhm nicht entziehen, dass er im reinen Ausdrucke und in der richtigen Wortstellung zu den besten Rednern gehört. Seine Darstellungsart war mehr geschwätzig als kraftvoll, doch leuchteten reine Ausdrücke und ein ungewöhnlicher Wohllaut hervor.

Er hinterließ bei seinem Tode eine Tochter und einen nichtswürdigen Sohn. Er brachte sein Leben auf 67 Jahre und obgleich er in Athen ein anmutiges Landgut besaß, wurde er nicht darin begraben, sondern in der Akademie auf dem Platze, wo der Polemarch die Wettkämpfe zur Ehre der im Kriege Gefallenen und hier Begrabenen veranstaltet.

31. (1.) **Aelianus** war zwar ein Römer, sprach aber so gut Attisch, wie die Bewohner des Binnenlands von Attika (II, 1, 7). Dieser Mann scheint mir Lob zu verdienen, erstens, weil er sich durch seinen Fleiß eine reine (griechische) Sprache erwarb, obgleich er in einer Stadt wohnte, die eine andere Sprache redete; dann weil er, obgleich diejenigen, welche eine solche Gunst erweisen, ihm den Sophistennamen beilegten, es nicht glaubte, noch von seinem Verstande Großes dachte, noch sich zum Übermut durch diesen Namen, der [1315] doch so geehrt war, verführen ließ, sondern sich selbst wohl durchschauend, wie er für die Beredsamkeit keine Anlage habe, sich auf's Schreiben legte und dadurch sich Bewunderung erwarb. Seine

Schreibart ist im Ganzen einfach und hat etwas von der Schönheit und Kraft des Nikostratus, manchmal ahmt sie sogar den Dion und die Stärke desselben nach.

(2.) Philostratus von Lemnos traf ihn einmal, als er eine Schrift in der Hand hielt und mit Affekt und lauter Stimme darin las. Er fragte ihn, was er studiere und Aelianus erwiderte: „Ich habe da eine Anklage gegen Gynnis (d. h. Weichling, Wollüstling) ausgearbeitet; so nenne ich nämlich den Tyrannen, der zuletzt auf dem Throne saß (Heliogabalus), weil er durch Ausschweifungen aller Art das römische Reich schändete!" „Ich würde dich bewundern", sagte Philostratus, „wenn du ihn bei seinen Lebzeiten angeklagt hättest!" Denn den Tyrannen bei seinen Lebzeiten anzugreifen, das verrate einen Mann, nach seinem Tode über ihn herfallen könne jeder.

(3.) Dieser Mann sagte von sich, er habe nie eine Reise in irgendeinem Teile der Erde außerhalb Italien gemacht, nie ein Schiff bestiegen, nie das Meer befahren. Daher wurde er auch in Rom noch höher geschätzt, weil er seine Heimat in Ehren halte.

Er war ein Schüler des Pausanias und schätzte den Herodes als den mannigfaltigsten unter den Rednern.

Er lebte über 60 Jahre und starb ohne Kinder; denn er hatte nie geheiratet und dadurch auf das Kinderzeugen verzichtet. Ob dies ein Glück oder ein Unglück sei, ist hier nicht der Ort zu untersuchen.

32. Da das Glück die größte Macht hat über die menschlichen [1316] Angelegenheiten, so darf auch **Heliodorus**, der wunderbar vom Glücke begünstigt wurde, nicht aus dem Kreise der Sophisten ausgeschlossen werden.

Dieser Mann wurde zum Fürsprecher seines Vaterlands mit noch einem andern gewählt, um zu den keltischen (gallischen) Völkern (zum Kaiser) zu reisen. Da nun der andere erkrankte und man sagte, der Kaiser schlage viele Prozesse nieder, so lief Heliodorus in das Lager aus Furcht für seinen Prozess. Er wurde schneller vorgerufen, als er erwartete und suchte daher Aufschub aus Rücksicht auf seinen kranken Mitgesandten. Aber derjenige, welcher die Einführung der Prozesse zu besorgen hatte, war ein gewalttätiger Mann und gestattete es nicht, sondern führte ihn in den Gerichtssaal gegen seinen Willen und am Barte ihn herbeiziehend. Als er nun eintrat und den Kaiser keck ansah und sich eine bestimmte Zeit zum Sprechen ausbat und seine Entschuldigung mit großer Gewandtheit vorbrachte, indem er sagte: „Der Fall wird dir neu sein, größter Kaiser, dass einer gegen sich selbst eine Einrede wegen Einführung eines Prozesses einlegt, weil er keinen Auftrag hat, den Prozess allein zu führen!"; so sprang der Kaiser auf und nannte den Heliodorus „einen Mann, wie ich noch keinen gelernt habe!", „einen Glücksfund meiner Zeit!" und dergleichen, indem er die Hand und den Busen seines Mantels in die Höhe hob. Anfangs kam auch uns eine Lust zu lachen an, weil wir glaubten, er verspotte ihn, als er ihm aber die Ritterwürde verlieh und allen seinen Kindern, die er hatte, so bewunderte man das Schicksal, weil es seine Macht durch so unerwartete Ereignisse offenbarte. [1317] Und noch weit mehr zeigte sich dies in den folgenden Vorfällen. Als nämlich der Araber merkte, dass seine Sache durch eines Gottes Gnade so gut gehe, so benützte er die günstige Stimmung des Kaisers, wie die Schiffer alle Segel aufziehen bei gutem Winde und sagte: „Mein Kaiser, bestimme mir eine Zeit zu einer Probe meiner Kunst!" Der Kaiser erwiderte: „Ich will dich jetzt gleich hören und du sollst über folgenden Gegenstand sprechen, wie Demosthenes vor Philippus[184] in seiner Rede stecken bleibt und wegen Feigheit angeklagt wird!" Während er sprach, hörte er ihm nicht nur selbst mit Wohlwollen zu, sondern verschaffte ihm auch den Beifall der andern, indem er schreckliche Blicke auf die warf, welche ihm nicht mit Beifall zuhörten. Ja er übertrug ihm sogar die erste Stelle eines kaiserlichen Anwalts in Rom, weil er ihn tauglicher fand für die Gerichte und Rechtssachen. Nach des Kaisers Tode wurde er auf eine Insel verbannt; als er aber (während seines Aufenthalts) auf dieser Insel wegen eines Mords angeklagt wurde, schickte man ihn nach Rom, um sich vor den Oberbefehlshabern der kaiserlichen Leibwache[185] zu verteidigen. Da er unschuldig befunden wurde, so wurde auch die Verbannung aufgehoben und er lebte in Rom bis in sein höchstes Alter, weder geehrt, noch verachtet.

33. (1.) Der Geburtsort des Sophisten **Aspasius** war Ravenna, eine Stadt in Italien. Sein Vater Demetrianus unterrichtete ihn, [1318] ein Mann, der sich auf die gerichtliche Beredsamkeit wohl verstand. Aspasius hatte viel gelesen und gehört und obgleich er das Ungewöhnliche liebte, verfiel er nie ins Gezierte, weil er immer am rechten Orte anzubringen verstand, was er dachte. Dies ist auch in der Musik der größte Vorzug; denn die richtige Verteilung der Töne gibt der Leier und der Flöte Ausdruck und bildet die Melodie. Aber über seiner Bemühung um einen mustergültigen und einfachen Ausdruck, vernachlässigte er die Kraft und Ausführlichkeit der Darstellung. Zum Sprechen aus dem Stegreife hatte er keine Anlage, erwarb sich aber durch angestrengten Fleiß Fertigkeit darin.

(2.) Er besuchte viele Länder der Erde teils als Begleiter des Kaisers, teils für sich allein reisend. Er saß auch auf dem Lehrstuhle in Rom in seiner Jugend mit großem Glanze, aber in seinem Alter machte man ihm Vorwürfe, dass er ihn nicht einem andern abtreten wollte.

Die Feindschaft des Aspasius mit Philostratus von Lemnos fing in Rom an und wuchs in Ionien von den Sophisten Kassianus und Aurelius gesteigert. Der Letztere von diesen war ein Mann, der auch in den Weinschenken bei den Trinkgelagen Reden hielt, der andere war frech genug, auf den Lehrstuhl in Athen sich zu erheben, in Folge von günstigen Verhältnissen, die er benützte, konnte aber keinen Redner bilden außer Periges aus Lydien. Von der Art dieser Feindschaft habe ich schon gesprochen[186]; wozu sollte ich wiederholen, was schon hinreichend erörtert ist? Dass man aber etwas Gutes auch von [1319] einem Feinde erhalten kann, hat sich nicht nur in vielen andern Fällen unter den Menschen gezeigt, sondern vorzüglich auch an diesen zwei Männern. Obgleich sie nämlich Feinde waren, erwarb sich Aspasius die Fertigkeit, fließend aus dem Stegreife zu sprechen, weil Philostratus auch in dieser Hinsicht berühmt war und dieser dagegen beschnitt die üppigen Auswüchse, welche seine Beredsamkeit bisher getrieben hatte nach dem Muster der alles Übertriebene vermeidenden Sorgfalt des Aspasius.

(3.) Der von Philostratus verfasste Brief über die Kunst, Briefe zu schreiben, ist gegen Aspasius gerichtet. Denn als dieser das Amt eines kaiserlichen Geheimschreibers erhalten hatte, schrieb er die Briefe teils in einem allzu feierlichen, teils in einem undeutlichen Stile, wovon keiner für einen Kaiser passt; denn wenn der Kaiser Briefe schreibt, so bedarf es keiner Entwicklung der Gründe (Enthymeme)[187] und keiner Schlussfolgerungen, sondern einer einfachen Willenserklärung, ebenso wenig einer Undeutlichkeit, da er Gesetze ausspricht und die Deutlichkeit der Dolmetscher des Gesetzes ist.

(4.) Aspasius war ein Schüler des Pausanias, hatte aber auch Hippodromus gehört. Er lehrte in Rom schon in hohem Alter, als ich dieses schrieb.

So viel von Aspasius. Von Philostratus aus Lemnos aber, wie er in der gerichtlichen, wie in der Volksrede, wie in seinen Schrif-[1320]ten, wie in den Schulreden und wie tüchtig im Sprechen aus dem Stegreife er war; von Nikagoras aus Athen, welcher als Herold des eleusinischen Tempels bekränzt wurde; und von Apsines aus Phönizien, wie weit er es in der Übung des Gedächtnisses und in der Gründlichkeit gebracht hat, darf ich nichts schreiben; denn man würde misstrauisch gegen mich sein, als spreche ich ihnen zu Gefallen, da ich in Freundschaft mit ihnen stehe.

Fußnoten

[1] Nach Hermanns Untersuchung: De Thras. Chalc. Soph. ist Thrasymachus geboren ungefähr Olymp. 80, 4. = 457 v. Chr., nach Athen gekommen um Olymp. 87, hat sich dann der aus Sizilien nach Athen gekommenen Redekunst gewidmet und während des peloponnesischen Kriegs geblüht.

[2] Er und die folgenden blühten um die Mitte des 2. Jahrhunderts

[3] Er und die folgenden Sophisten scheinen alle dem Ende des 2. Jahrhunderts anzugehören und teilweise noch im Anfang des 3. gelebt zu haben. Proklus wenigstens blühte hauptsächlich im 3. Jahrhundert

[4] Die letzten 4 Sophisten blühten in der ersten Hälfte des 3. Jahrhunderts

[5] Vergl. Über diesen Sophisten II, 1.

[6] Vergl. Leben des Apollonius von Tyana I, 16.

[7] Der Beiname Homers Melesigenes gab Veranlassung dazu, dass man ihm den Fluss (Flussgott) Meles in Lydien zum Vater gab.

[8] Vergl. Herodot I, 47.

[9] Vergl. Herodot VII, 141.

[10] Vergl. Lukians Nero 10.

[11] Vergl. I, 9. [1167]

[12] Vergl. I, 18.

[13] Vergl. dagegen Plutarch über die Erziehung. der Kinder 9. und Leben des Demosthenes. 9.

[14] Vergl. Demosthenes Rede vom Kranze. 43. und Zweiter Brief vor der Mitte.

[15] Vergl. I, 12. Keos eine der kykladischen Inseln, jetzt Zia.

[16] Diese Erzählung findet sich in Xenophons Erinnerungen an Sokrates II, 1.

[17] Zwei berühmte thrakische Sänger aus der mythischen Zeit. Vergl. Apollodor's Mythol. Biblioth. I, 3, 2. 3.

[18] Aristophanes in den Wolken. 496. Vers. Vergl. V. 104

[19] Die Antwort enthält einen Doppelsinn: Für solche Menschen, wie du, wachsen Stöcke, um sie zu schlagen, und: Für solche Menschen, die das Feuer anblasen, wachsen Rohrstängel zu Blasröhren.

[20] Vergl. Aeschines Rede gegen Timarchus 68 ff. Demosthenes Rede über die Truggesandtschaft

[21] Vergl. Aeschines Rede gegen Timarch. 71

[22] Aeschines errichtete in Rhodus eine Sophistenschule (I, 18, 2). Der Sinn ist also: Aeschines würde die Sophistik in Rhodus nicht getrieben haben als eine ehrenhafte Kunst, durch die er sich Ruhm erwerben könne, wenn sie ihm nicht fremd gewesen wäre und er in Athen nicht vorher sich damit beschäftigt hätte.

[23] Vergl. Diogenes Laertius VIII, 86.

[24] Vergl. Leben des Apollonius von Tyana VI, 6., wo die Heimat derselben beschrieben ist

[25] Vergl. Diogenes Laertius IV, 62. Er war von Kyrene und Haupt der neueren Akademiker.

[26] Zu Grunde liegt dieser Parodie ein Distichon von Theognis (V. 215):

Suche zu gleichen dem krausen Polypen, welcher dem Steine, Dem er sich angeschmiegt, ähnlich an Farbe erscheint.

Wobei freilich in der deutschen Übersetzung nicht eben so viele gleiche Worte wiederholt sind, als im griechischen Originale.

[27] Ohne Zweifel ist dieses Wort hier in dem Sinne zu nehmen, in welchem es von Sokrates gebraucht wurde, weil er sich unwissend zu stellen pflegte und durch Fragen seine Gegner zur Erkenntnis der Wahrheit oder zum Eingeständnis ihres Irrtums und ihrer Unwissenheit führte.

[28] Nach Olearius Anmerkung zu dieser Stelle war der Inhalt dieser Schrift eine Darstellung des glücklichen Lebens, das er an dem Beispiele eines euboischen Jägers, der auf den Gebirgen von Hirse lebe und doch glücklicher sei, als Xerxes, schildert.

[29] Vergl. die Einleitungen zu Isokrates Lobrede auf Helena, Busiris (besond. S. 517) und Gegen die Sophisten.

[30] Beide sind unsern Lesern bekannt aus dem Leben des Apollonius von Tyana

[31] Vergl. Leben des Apollon. von Tyana I, 13. V, 31. ff

[32] Vergl. Homers Odyssee XXII, 1.

[33] Das westliche Gallien bezeichnet hier das bei den Römern einfach Gallien benannte Land zum Unterschiede von dem östlichen, gewöhnlich Galatien genannten, in Kleinasien.

[34] Vergl. Homers Ilias I, 80.

[35] Vergl. ebenda II, 196.

[36] Vergl. Thukydides II, 44.

[37] Gellius, Attische Nächte XI, 5 erwähnt 10 Bücher von Favorinus. – Pyrrho aus Elis, geboren um 380 v. Chr., Stifter der pyrrhonischen oder skeptischen Philosophie, suchte die Unbegreiflichkeit aller Dinge und daher die Notwendigkeit der Zurückhaltung des Urteils darzutun. Vergl. über ihn Diogenes Laertius IX, 61. ff

[38] Vergl. oben S. 1155

[39] Unter Boten werden im griechischen Trauerspiele diejenigen verstanden, welche auswärts Vorgefallenes melden; unter Erzählern die, welche verkündigen, was an Ort und Stelle, aber hinter der Bühne vorging. – Zu dieser Stelle ist zu vergleichen Leben des Apollonius von Tyana VI

[40] Vergl. oben S. 1156 f.

[41] Aristophanes Thesmophoriazusen V. 49

[42] Eine andre Leichenrede hielt Pericles. Vergl. Thukyd. II, 34.

[43] Vergl. Diogenes Laertius IX, 50ff

[44] Vergl. Platos Protagoras, die Fabel von Prometheus und Epimetheus

[45] Die eingeschlossenen Worte fehlen in vielen Handschriften und sind wahrscheinlich eine Randglosse, die nachher in den Text einschlich

[46] Vergl. Platos kleineren Hippias

[47] Vergl. oben S. 1156

[48] Vom Staate I, 341c

[49] Vergl. Plutarchs Lebensbeschreibungen der 10 Redner. Antiphon

[50] Vergl. Thukydides VIII, 68.

[51] Vergl. Herodot V. 55ff. und Thukydides VI, 54-59

[52] Vergl. Xenophons Hellenische Geschichte II, 3.

[53] Er war ein Bruder des Solon und Urgroßvater des Kritias.

[54] Vergl. Isokrates Archidamus 17.

[55] Vergl. Plutarchs Lebensbeschreibungen der 10 Redner. Isokrates und Dionysius von Halikarnass. Über die alten Redner. Isokrates.

[56] Aus der Rede vom Kranze

[57] Aus Panegyrikus 48.

[58] Eine Rede (S. 234-302) und 2 Briefe (S. 1039-1057) der Übersetzung. Vom Fried. S. 409-471

[59] Arch. S. 309-363. Gegen Eutb. S. 983-995

[60] Vergl. Plutarchs Lebensbeschreibungen der 10 Redner. Aeschines.

[61] Vergl. oben S. 1155

[62] In der Rede vom Kranze.

[63] Vergl. Leben des Apollonius von Tyana I, 15.

[64] Vergl. Leben des Apollonius von Tyana IV, 25.

[65] Vergl. Leben des Apollonius von Tyana I, 25.

[66] Vergl. Pausanias I, 13.

[67] Ilias XIII, 131. XVI, 215.

[68] Vergl. die Anmerkung 2 zum Leben des Apollonius von Tyana VI, 11.

[69] Museum, wie in Alexandria. Vergl. 22. (3.)

[70] Vergl. Leben des Apollonius von Tyana I, 13 und die Anmerkung 1. S. 181 der Übersetzung

[71] Vergl. ebendaselbst IV, 36.

[72] Nachahmung des Verses des Lustspieldichters Menander

[73] Vergl. Apollodors mytholog. Bibliothek I, 6. Ovids Verwandlungen I, 152ff. Claudians Gigantomachie.

[74] Vergl. die Beschreibung desselben bei Homer Il. VII, 219ff.

[75] Vergl. Leben des Apollonius von Tyana VI, 42. S. 557f. und daselbst die Anmerkungen

[76] Vergl. II, 10. (4.) der Lebensbeschreibungen der Sophisten

[77] Ein Fluss in Lydien, welcher Gold mit sich führte

[78] Vergl. Homers Ilias XVI, 40. (Voss)

[79] Bei Platäa wurden 479 v. Chr. die Perser unter Mardonius von den Griechen besiegt, bei Chäronea, in der Nähe von Platäa, wurden 338 v. Chr. die Athener von Philippus überwunden.

[80] Vergl. Xenophons Kyropädie V, 1. VII, 3.

[81] Vergl. Aristoteles Rhetorik I, 2. II, 22.

[82] Vergl. Aristophanes Plutus 1003.

[83] Vergl. Thukydides II, 43.

[84] Diese und die folgende Rede sind sophistische Schulreden, die erste beruhte auf Demosthenes gegen Leptines. Cap. 25ff.

[85] Vergl. Xenophons Griechische Geschichte II, 1. S. 1643f.

[86] Man denke hinzu: Durch welche die vorher schwimmende Insel zum Stehen gebracht und bisher feststehend erhalten wurde.

[87] Vergl. Thukydides IV, 38.

[88] Kayser: Den Sophisten (diese seine Deklamation) und was er über seine eigene Kunst geschrieben hat, ihm

[89] Dass kein Megareer nach Athen kommen dürfe unter Androhung der Todesstrafe. Vgl. Gellius Attische Nächte VI, 10. Plutarchs Perikles 30.

[90] Dieser Tempel war von Deukalion erbaut; Pisistratus fing an, ihn neu aufzuführen, Perseus und Antiochus Epiphanes setzten den Bau fort, aber erst Hadrian vollendet ihn. Von Pisistratus bis auf Hadrian berechnet Olearius 705 oder 706 Jahre. Kayser bemerkt, dass es bei dieser Berechnung um mehr als 100 Jahre fehle, wahrscheinlich durch die Schuld des Philostratus, der in der Chronologie ungenau sei.

[91] Bei oder nach ihrem Tode wurden die römischen Kaiser unter die Götter versetzt.

[92] Nach Olearius wäre Rhotemalces oder Rhescuporis, nach Ruhnken (vergl. Jakobs) Eupator gemeint.

[93] Vergl. Leben des Apollonius von Tyana IV, 1.

[94] Vergl. Leben des Apollonius von Tyana IV, 27.

[95] Vergl. 8. (3.) S. 1166.

[96] Vergl. 21. (8.) S. 1198.

[97] Vergl. Ilias VI, 506f. S. 784 der Übersetzung:
Gleichwie ein Ross, das üppiggenährt an der Krippe gestanden,
Plötzlich die Bande zersprengt und stampfenden Hufs ins Gefild hin
Jagt.

[98] Vergl. Homers Ilias X, 535. S. 876 der Übersetzung

[99] Nach Olearius ist der Sinn, die guten Prosaiker seien es nur wenige, der Dichter aber gar viele.

[100] Ilias IX, 312f.

[101] Vgl. Plutarchs Demosthenes 25.

[102] In Folge der Gicht bilden sich zuweilen kalkartige, steinähnliche Verhärtungen, besonders an den Gelenken, welche herausgeschnitten werden können.

[103] II, 25. Hermokrates

[104] Parodie eines Verses von Hesiod. Werke und Tage 25.
„Wie ein Töpfer den Töpfer, so ein Zimmermann neidet den andern."

[105] Vor der Schlacht bei Salamis wurden die Bilder des Äakus und der Äakiden von Ägina auf einem Schiffe zu der Flotte geholt. Vgl. Herodot VIII, 64

[106] Offenbar ist hier der Sinn: Nicht nur bei den Äakiden suchte Griechenland Hilfe, sondern

auch Miltiades und Kimon waren ihm willkommen als Retter und wurden gepriesen wegen ihrer großen Verdienste um das Vaterland in den Kriegen gegen die Perser.

[107] Zudem sagt man dem Reichtum nach, er sei auch blind, aber, – so wurde er doch bei Herodes sehend. (Kayser)

[108] Vgl. Homers Ilias V, 385

[109] Vergl. Pausanias I, 29.

[110] Archon eponymos hieß der erste der 9 jährlichen Archonten, weil nach ihm das Jahr benannt wurde. – Panhellenien ist ein von Kaiser Hadrianus in Athen gestiftetes Fest.

[111] Vergl. Pausanias I, 19.

[112] Vergl. Pausanias I, 29.

[113] Schöner, als jedes Gemälde (Kayser)

[114] Vergl. Pausanias VII, 20.

[115] Vergl. Pausanias II, 1. und I, 44.

[116] Vergl. Pausanias X, 32.

[117] Vergl. Lukian, der Tod des Peregrinus 19.

[118] Vergl. unten (12.)

[119] Vergl. Leben des Apollonius IV, 24. S. 378 f. d. Übers. und Lukians Nero S. 1857ff. der Übers.

[120] Vergl. Pausanias I, 32.

[121] Der vereinigte Ring- und Faustkampf

[122] Eine ägyptische Gottheit.

[123] D. h. ihn als einen Unglückstag aus der Zahl derjenigen zu streichen, an welchen Gericht gehalten wurde usw.

[124] Nach Homers Odyssee IV, 498. S. 104 der Übersetzung:
       Einer annoch wird lebend gehemmt in den Räumen der Meerflut.

[125] Vergl. Leben des Apoll von Tyana III, 11.

[126] Als Lukius Verus in den parthischen Krieg zog, hatte er nach dem Zeugnis des Kapitolinus Athen besucht. Damals nahm er wahrscheinlich bei Herodes seine Wohnung. Valesius.

[127] Sie war von dem Heere des Lukius aus Asien nach Europa eingeschleppt worden. Vergl. Kapitolinus Marc. 24. (Kayser)

[128] Vergl. oben Cap. 5 gegen Ende. S. 1235

[129] Wer in die Mysterien eingeweiht werden wollte, musste von Schuld frei sein.

[130] Vergl. Lukian. Der Tod des Peregrinus.

[131] Antiphon, Andokides, Lysias, Isokrates, Isäus, Demosthenes, Aeschines, Hyperides, Lykurgus, Dinarchus.

[132] Über die Briefe des Herodes ist zu vergleichen das Urteil darüber in dem ersten der Philostratischen Briefe. Tagebücher usw. scheinen Sammlungen von allerhand in den Reden anzubringenden geschichtlichen, naturwissenschaftlichen und andern Sätzen und Beobachtungen, fremden und eigenen Gedanken und Einfällen zu sein.

[133] „Griechen" sind hier, wie nachher 5, (3), in der griechischen Beredsamkeit unterrichtete und geübte Männer.

[134] Sprichwörtliche Redensart. Sinn: Sein Urteil über Aristokles wurde als entscheidend für seine Vortrefflichkeit betrachtet. Vgl. Lukians Harmonides 3. und Fischer 21.

[135] Die Gesetze erlaubten ihr die Wahl zwischen dem Tode des Täters und der Ehe mit ihm.

[136] Diese Worte nehme ich nicht als Frage.

[137] Kayser: Sic opto, ut videas tu Athenas, ut ego mori cupio manu civium. Vielleicht auch: Mögest du Athen wieder sehen, nachdem du unsre Bitte erfüllt hast.

[138] Olympus war Schüler und Geliebter des Marsyas.

[139] In der deutschen Übersetzung fällt die Hauptsache weg, der Gleichklang der griechischen Wörter, die also lauten: "Ioniai, Lydiai, Marsyai, Moriai.

[140] Vergl. Thukydides I, 118.

[141] Vergl. Herodot I, 66.

[142] Nach Kayser begreift Philostratus unter diesem Namen auch Pannonien.

[143] Kayser vermutet, der Stoff zu dieser Rede sei aus Thukydides VIII, 86. (S. 880, 2. L. v. u. d. Übers.) genommen.

[144] Vergl. oben 5,3. S. 1258

[145] Kayser: artifices scenici, also Schauspieler.

[146] Wahrscheinlich Reiterstatuen, wie schon Olearius vermutet.

[147] Homers Odyssee III, 1

[148] Nach Kayser ist der Sinn: Ich will nur von der Freundschaft der Mitbürger, welche dieselbe Volkversammlung besuchen, wissen.

[149] Vergl. die Anmerkung Zu II, 1. (14.) S. 12

[150] Kayser: Der Gegenstand dieser jetzt verlorenen Rede war nach Schol. Hermog. IV, p. 428: Miettruppen gab man einst aus Mangel an Geld, statt des Soldes Land, worauf sie eine Stadt gründeten. Später, als man Geld hatte, wollte man ihnen den Sold zahlen und verlangte das Geld zurück.

[151] Die Wachtel ist ein furchtsames Tier und ihre Furchtsamkeit sprichwörtlich geworden. (Olearius)

[152] Vergl. Herodot IV, 27.

[153] In der Rede vom Kranze. 71.

[154] Vergl. Xenophons Griech. Gesch. I, 7.

[155] Vergl. oben 1. (12.) S. 1248

[156] Nach Olearius ist hier Claudius Severus, der Lehrer des Markus Aurelius zu verstehen, welcher 163 n. Chr. nachgewählter Konsul war.

[157] Nämlich denen, welche ihn für einen Zauberer hielten.

[158] Alle Handschriften haben hier eine Lücke.

[159] Homers Odyssee. IV, 385ff.

[160] Vergl. oben 10 S. 1273

[161] Vergl. Leben des Apoll. v. Tyana. IV, 24

[162] Der rasende Herkules. 1406.

[163] In dem Tempel der Vesta zu Naukratis fanden, wie in dem Prytaneum zu Athen verdiente Männer auf Kosten des Staats ihren Unterhalt.

[164] Vergl. I, 23 S. 1203. Über Niketes vgl. I, 13, S. 1186

[165] Der Sinn scheint zu sein: In einem Mischkrug, der einmal eine Säure angenommen hat, verdirbt jeder Wein und wird ungenießbar. Wer also dennoch eine trinkbare Mischung darin bewerkstelligt, muss eine besondere Kunst besitzen; so war damals die panegyrische Beredsamkeit heruntergekommen und indem er in dieser Gattung doch etwas Genießbares leistete, zeigte er seine besondere Kunstfertigkeit.

[166] Peitho, die Snada der Römer, Göttin der Überredung, die Chariten, Gratien, Göttinnen der Anmut und Eros, Amor, Gott der Liebe, sind im Gefolge der Aphrodite, Venus, der Göttinen der Liebe.

[167] Vergl. I, 14 (2) S. 1206f.

[168] Vergl. I, 23, 1. S. 1203

[169] Severus war aus der Stadt Leptis in Afrika. Leptines bezeichnet nicht nur einen Bürger von Leptis, sondern ist auch Name eines Atheners, welcher ein Gesetz vorschlug, dass man keinem Bürger mehr Befreiung von den Staatsleistungen verwilligen solle und gegen welchen Demosthenes eine Rede schrieb. – Die griechischen Worte enthalten einen Doppelsinn: 1) die Rede an den Leptines, d. h. den Kaiser, 2) gegen Leptines und seinen Gesetzesvorschlag.

[170] Vergl. Pausanias I, 37.

[171] Vergl. Cicero. Vom Redner II, 86.

[172] Vergl. Sophokles Electra. Vers 25ff.

[173] Eupolis hatte in einem Lustspiele „Die Schmeichler" Kallias und seine Freunde auf die Bühne gebracht.

[174] Am dritten Tage nach der Hochzeit wurde die Neuvermählte den Verwandten ohne Schleier vorgestellt und von diesen beschenkt.

[175] Vergl. Leben des Apoll. von Tyana IV, 6.

[176] Also dasselbe, was in Athen der Archon eponymos war.

[177] Der Freund wollte durch den angeführten Vers, in welchem das Schlagwort „des Hauses" ist, den Sinn ausdrücken: Wenn man auch dein Haus leert, du selbst bleibst dir doch; Heraklides aber, indem er statt „des Hauses" ergänzt „des Fiskus", gibt ihm den Sinn: Durch die Konfiskation meiner Güter bleibe ich allein übrig; oder: Für den Fiskus bleibt nichts mehr zu holen, als meine Person.

[178] Wird das π gestrichen, wird daraus „Lob des Esels"

[179] Bei dem Kriege zwischen den Gegenkaisern Severus und Niger hatte dieser Byzanz besetzt (Herodian III,1). Die Stadt wurde nach dessen Niederlage durch Severus grausam verwüstet.

[180] Vergl. Homers Odyssee; XVI, 187.

[181] Eine dem Dithyrambus verwandte uralte Liedesart, die zur Zither oder Leier zu Ehren einer Gottheit, gewöhnlich des Apollo, gesungen wurde.

[182] So ergänze ich die offenbar lückenhafte Stelle, um wenigstens einen erträglichen Sinn und Zusammenhang zu bekommen.

[183] Vergl. Leben des Apoll. v. Tyana I, 13

[184] Nach Kayser: Wie Demosthenes sich verteidigt, dass er vor Philippus in seiner Rede stecken blieb und aus Feigheit in der Schlacht bei Chäronea den Schild weggeworfen zu haben beschuldigt wurde.

[185] Der praefectus praetorio hatte die Entscheidung über die wichtigsten Rechtshändel

[186] In den noch vorhandenen Schriften des Philostratus findet sich nichts darüber.

[187] Vergl. Aristoteles Rhetorik. I,2; II, 22

www.ingramcontent.com/pod-product-compliance
Lightning Source LLC
Chambersburg PA
CBHW051336170526
45166CB00002B/841